Carl Diener

Ergebnisse einer geologischen Expedition in den Central-Himalaya von Johar,

Hundés und Painkhanda - Mit 1 geologischen Karte, 7 Tafeln und 16 Textfiguren

Carl Diener

Ergebnisse einer geologischen Expedition in den Central-Himalaya von Johar, Hundés und Painkhanda - Mit 1 geologischen Karte, 7 Tafeln und 16 Textfiguren

ISBN/EAN: 9783337857899

Hergestellt in Europa, USA, Kanada, Australien, Japan

Cover: Foto ©ninafisch / pixelio.de

Weitere Bücher finden Sie auf **www.hansebooks.com**

ERGEBNISSE EINER GEOLOGISCHEN EXPEDITION

IN DEN

CENTRAL-HIMALAYA VON JOHAR, HUNDES, UND PAINKHANDA

VON

Dr. CARL DIENER.

(Mit einer geologischen Karte, 7 Tafeln und 16 Textfiguren.)

(VORGELEGT IN DER SITZUNG VOM 4. APRIL 1895.)

Einleitung.

Im Jahre 1891 wurde über Anregung unseres Landsmannes C. L. Griesbach, damals Superintendent am Geological Survey of India, das von diesem während mehrjähriger Aufnahmen im Central-Himalaya von Johár, Painkhánda, Byans und Spiti gesammelte paläontologische Material durch den Director des Geological Survey of India an Herrn Professor Eduard Suess in Wien mit dem Ersuchen übermittelt, eine wissenschaftliche Bearbeitung desselben durch österreichische Fachmänner veranlassen zu wollen.

Auf Grund einer Untersuchung der Triascephalopoden sprach sodann Herr Oberbergrath E. v. Mojsisovics den Wunsch aus, es möge im Hinblick auf das grosse wissenschaftliche Interesse, das eine genauere Kenntniss der Himalaya-Trias, insbesondere der in jener Sammlung nur sehr unvollständig vertretenen oberen Abtheilungen derselben bieten würde, eine eigene Expedition zu dem Zwecke organisirt werden, um an wichtigeren und versprechenderen Fundstellen möglichst umfangreiche, specielle Aufsammlungen vorzunehmen. Nachdem dank den Bemühungen des damaligen Directors des Geological Survey of India, Dr. William King, eine Betheiligung der kais. indischen Regierung an einem solchen Unternehmen durch Gewährung der entsprechenden Credite gesichert worden war, wurde mir im März 1892 von der hohen kais. Akademie der Wissenschaften in Wien diese Mission übertragen und zugleich eine namhafte Subvention aus der Boué-Stiftung bewilligt. Das Programm der Expedition erfuhr insoferne eine Erweiterung, als Professor Uhlig, der die Bearbeitung der jurassischen Fossilien übernommen hatte, weitere Aufsammlungen in den Spiti Shales, Professor Waagen eine Klarstellung der Beziehungen der trindischen Ceratitenschichten zur Salt Range zur Trias des Himalaya als wünschenswerth bezeichneten, während mir Professor Suess nahelegte, womöglich auch eine Recognoscirung der ausserhalb des Aufnahmsgebietes von Griesbach gelegenen Gegend nordöstlich vom Utadhura (Pass) in Hundés zu versuchen. Als jene Punkte, an welchen eine detaillirte Gliederung der Triasbildungen, verbunden mit möglichst umfangreichen Aufsammlungen, durchgeführt werden sollte, wurden mir von Herrn Oberbergrath E. v. Mojsisovics in erster Linie das Shalshal Cliff bei Rimkin Paiar E. G.[1] zwischen den Quellgebieten

---

[1] E. G. Abkürzung für Encamping Ground (Bivouak- oder Weideplatz).

der Goriganga bei Milam und der Dhauli Ganga bei Niti, in zweiter Linie die Wasserscheide zwischen den Thälern von Lissar und Dharma gegenüber dem Ralphu-Gletscher und das Tera Gádh bei Kalapáni in Byans (an der Grenze von Kumaon, Hundés und Nepal) bezeichnet.

In Calcutta, wo ich Ende April 1892 eintraf, erfuhr ich durch Director King, dass von Seite des Geological Survey of India Herr C. L. Griesbach als Theilnehmer an der Expedition ausersehen sei, und dass sich uns in Naini-Tál, dem Ausgangspunkte für die Reise ins Hochgebirge, noch Mr. C. S. Middlemiss, Assistant-Superintendent am Geological Survey of India, als Volontär anschliessen werde. Ich bin Herrn Director King für dieses Arrangement, vor Allem aber Herrn C. L. Griesbach für seine Theilnahme an dieser Expedition den wärmsten Dank schuldig. Dass wir im Stande waren, die vielen in ausnahmsweise ungünstigen Verhältnissen begründeten Schwierigkeiten, die sich uns entgegenstellten, glücklich zu überwinden, ist zum grössten Theile sein Verdienst. Ich brauche wohl nicht erst ausdrücklich hervorzuheben, von wie grossem Werthe es für mich war, einen so ausgezeichneten Kenner der Himalaya-Landschaften und ihrer Bewohner als Führer und Berather an meiner Seite zu haben, der zugleich die Liebenswürdigkeit hatte, mich in die zum Theile ganz eigenartige Technik des Reisens in jenen Gegenden einzuführen. Nur wer selbst in der Hochregion des Himalya gereist ist, vermag jedoch zu ermessen, wie sehr ich Herrn Griesbach dafür verpflichtet bin, dass er sich jenen Strapazen und Entbehrungen, die ihm von früheren geologischen Arbeiten in derselben zur Genüge bekannt waren, bei dieser Gelegenheit noch einmal unterzog.[1]

In Naini Tál, wo wir Mitte Mai zusammentrafen, und in dem drei Tagereisen weiter nordöstlich, gelegenen Almora, der Hauptstadt der Provinz Kumaon, hatten wir fast zwei Wochen mit den Vorbereitungen für die Reise nach dem Inneren des Gebirges zu thun. Insbesondere hielt es schwer, infolge der herrschenden Choleraepidemie eine genügende Zahl von Trägern für unser Gepäck aufzutreiben. Am 27. Mai konnten wir endlich mit beiläufig hundert Begleitern nach Milam, dem höchstgelegenen Sommerdorfe im Thale der Goriganga, aufbrechen. Von Milam ab, wo wir am 9. Juni eintrafen, waren wir genöthigt an Stelle der Coolies Yaks und Joobuhs (Bastarde von Rind und Yak) als Transportmittel zu verwenden. Mit Unterstützung des Punditen Kishen Singh — den mit der Geschichte der geographischen Erforschung Centralasiens Vertrauten besser bekannt unter der Chiffre A.... K..... unter der seine Routenaufnahmen in den Reports on the operations of the Survey of India figuriren — gelang es uns, im Verlaufe von zehn Tagen 45 Joobuhs zu erhalten, die während der weiteren Expedition in das unbewohnte tibetanische Grenzgebiet entlang der Wasserscheide des Central-Himalaya nicht nur alle Vorräthe für uns und unser Gefolge, sondern auch wiederholt für mehrere Tage lang Brennmaterial zu tragen hatten. Mit 25 Leuten, den erwähnten Lastthieren, sowie einer Schaf- und Ziegenheerde brachen wir unter Führung eines einheimischen Shikari oder Jägers am 19. Juni nach Norden auf.

Auf dem Utadhura (Pass), 17.500 engl. Fuss, traten wir zum ersten Male in die Kalkzone des Central-Himalaya von Johár ein. Nachdem wir auf der Nordseite des Passes bei dem Weideplatze Lauka zwei Tage mit der Ausbeutung fossilführender Schichten der oberen Trias verbracht hatten, wendeten wir uns dem Girthi-Thale zu. Unser Hauptziel war Rimkin Paiar, das wir über Laptal E. G. und Shalshal E. G. zu erreichen beabsichtigten. Doch stiess die Ausführung dieses Planes auf Schwierigkeiten, die sich zu dieser Zeit wenigstens für uns als unüberwindlich erwiesen. Das ganze Gebiet im Norden des Kiogadh- und Girthi-Thales von Laptal E. G. bis Rimkin ist nämlich strittiges Terrain, das von den Tibetanern in Hundés als Eigenthum reclamirt wird. Obwohl die indische Regierung im Herbste 1890 zweihundert Mann Goorkha-Infanterie nach Niti geschickt hatte, um ihre Ansprüche auf jenes — ökonomisch übrigens fast werthlose — Gebiet geltend zu machen, war dasselbe doch nach dem Abzuge dieser Truppen von den Tibetanern neuerdings besetzt worden, die daselbst einen Wachtposten bei Barahoti E. G. errichteten. Da die indische

---

[1] Eine Schilderung der persönlichen Erlebnisse auf dieser Expedition, sowie der physisch-geographischen und landschaftlichen Verhältnisse der von uns bereisten Gegenden habe ich in den Verhandlungen der Gesellschaft für Erdkunde in Berlin 1893, Nr. 6 und in der Zeitschr. des Deutschen und Österreichischen Alpenvereins 1895, Bd. XXVI veröffentlicht.

Regierung mit Rücksicht auf die in England bevorstehenden Parlamentswahlen jeden Schritt vermieden zu sehen wünschte, der den Keim zu einem Grenzconflicte hätte in sich tragen können, so hatten wir die stricte Weisung erhalten, unter keinen Umständen den Versuch zu machen, gegen den Willen der Tibetaner nach Rimkin zu gehen. Die Erlaubniss zu dem Besuche von Rimkin Paiar wurde uns jedoch von den Abgesandten der tibetanischen Grenzwache, die in unserem Lager im Girthi-Thale erschienen, verweigert.

Wir beschlossen daher, zunächst die südöstliche Fortsetzung der Triaszone von Rimkin Paiar im Girthi-Thale aufzusuchen. In der That war ich so glücklich, an den südlichen Abhängen der Bambanag-Kette sehr fossilreiche Aufschlüsse der oberen Trias zu entdecken, deren Ausbeutung unsere Thätigkeit vom 23. Juni bis zum 8. Juli in Anspruch nahm. Am 9. Juli gingen wir über den 17.000 e. F. hohen Kiangur-Pass nach dem Weideplatze Chidamu, einem wichtigen Fundorte für Versteinerungen aus der unteren und mittleren Abtheilung der Spiti Shales. Hier gelang es uns, mit der tibetanischen Grenzwache ein Abkommen dahin zu treffen, dass uns der Besuch des östlich anstossenden Grenzdistrictes mit den Weidegebieten von Chitichun und Lochambelkiehak gestattet wurde, der geologisch noch ganz unbekannt war und eine Lücke in den früheren Aufnahmen von Griesbach bildete.

Über den 17.440 e. F. hohen Kiogarh-Chaldu-Pass gelangten wir in dieses Gebiet, wo wir während der ganzen zweiten Hälfte des Juli verweilten. Eines der interessantesten Ergebnisse unserer geologischen Arbeiten in demselben war die Auffindung einer Aufbruchslinie permischer und triadischer Klippen in den Spiti Shales zwischen dem Kiogadh und Chitichun River. Bei dieser Gelegenheit wurde die Klippe des Berggipfels Chitichun Nr. I (17.740 e. F.) von uns viermal erstiegen. Ausserdem bestieg ich zum Zwecke geologischer Recognoscirungen die beiden Chanambaniali-Spitzen, 18.320 und 18.360 e. F. (erstere in Gesellschaft meiner europäischen Gefährten) und den 19.170 e. F. hohen Kungribingri. Ende Juli kehrten wir über den Kungribingri-Pass (18.300 e. F.), Jandi-Pass (ca. 18.400 e. F.) und Utadhura (17.590 e. F.) nach Milam zurück.

In Milam stellten sich dem Fortgange unserer Expedition unerwartete Schwierigkeiten entgegen. Unsere Absicht war, uns zunächst nach dem Ralphu-Gletscher im Lissar-Thale zu begeben und dann über den Lebung-Pass nach Byans zu gehen. Allein alle Versuche, die zu dem Übergange über die hohe, für Joobuhs unpassirbare Kette zwischen Milam und Lissar nöthigen Coolies aufzutreiben, scheiterten. Auch war es uns nicht möglich, bei der in ganz Kumaon herrschenden Armuth an Lebensmitteln, die fast an Hungersnoth grenzte, die für ein grösseres Gefolge nothwendige Quantität an Vorräthen zusammenzubringen. Aus dieser unangenehmen Situation wurden wir durch ein Schreiben des Secretary of state in Simla befreit, das alle Beschränkungen bezüglich der Expedition in das Gebiet von Rimkin Paiar E. G. aufhob und uns der tibetanischen Grenzwache gegenüber volle Freiheit des Handelns gab. Unter diesen Umständen beschlossen wir, von weiteren Versuchen, nach Lissar und Byans zu gelangen, abzusehen und unser ursprüngliches Project, über Rimkin nach Niti zu gehen, wieder aufzunehmen. Diesem Plane gemäss brachen wir am 13. August mit 20 Coolies und 48 Joobuhs und Yaks nochmals über den Utadhura (17.590 e. F.) und Kiangur-Pass (17.000 e. F.) nach Norden auf.

Die tibetanische Grenzwache leistete uns keinen Widerstand. Wir konnten daher, wenngleich auf Schritt und Tritt von derselben mit Missträuen beobachtet, doch alle jene Punkte besuchen, die für uns ein Interesse boten. Wir begaben uns zunächst über Laptal E. G. zum Balchdhura, wo abermals eine Zone von triadischen Klippen innerhalb der Flyschregion nachgewiesen wurde, und hierauf über Shalshal E. G. und Baraholi E. G. nach Rimkin Paiar, wo ich zwei Wochen auf das Studium der Triasbildungen verwenden konnte. Am 5. September überschritten wir den 17.800 e. F. hohen Silakank-Pass nach dem Thale der Dhauliganga oberhalb Niti. Während Middlemiss, den seine Berufsarbeiten nach Hazara an der Nordwestgrenze Indiens zurückriefen, sich hier von uns trennte, besuchten Griesbach und ich noch die Umgebung des Niti-Passes (16.628 e. F.), wo wir, insbesondere bei dem Weideplatze Kiungtung, eine gute Ausbeute an Fossilien der unteren Trias erzielten. Am 11. September traten wir den Rückmarsch über Niti Joshimáth, Karnprayag und Lohba an und trafen am 7. October mit allen unseren Sammlungen wieder in Naini Tál, dem Ausgangspunkte der Expedition, ein.

Das gesammte Material an Versteinerungen ist im Laufe der beiden folgenden Jahre von verschiedenen Fachmännern einer Bearbeitung unterzogen worden, die wenigstens zum grössten Theile so weit abgeschlossen ist, dass für die hier beabsichtigte Darstellung der stratigraphischen Verhältnisse des von unserer Expedition bereisten Gebietes ausreichende Daten bereits vorliegen. Der Bearbeitung der jurassischen Fossilien haben sich Professor V. Uhlig in Prag und Dr. F. E. Suess in Wien unterzogen. Die Bearbeitung der obertriadischen Cephalopoden übernahm Oberbergrath Dr. E. v. Mojsisovics. Herrn Dr. A. Bittner wurde die Bearbeitung der obertriadischen Brachiopoden und Bivalven anvertraut. Ich selbst habe die Bearbeitung der permischen Fossilien, ferner der Cephalopoden der unteren Trias und des Muschelkalkes übernommen. Von diesen Monographien ist bisher nur jene der Cephalopoden des Muschelkalkes im Drucke erschienen.[1]

In der vorliegenden Darstellung beabsichtige ich die wissenschaftlichen Ergebnisse unserer Expedition in Bezug auf die stratigraphischen Verhältnisse der Trias und des jüngeren Mesozoicums in der Hauptregion des Central-Himalaya zusammenzufassen, sowie eine Übersicht des geologischen Baues der von uns entdeckten, bereits ganz auf tibetanischem Boden gelegenen Klippenregion von Chitichun zu geben. Bei der Ausführung dieser Arbeit haben mich die oben genannten Herren durch die Mittheilung der Ergebnisse ihrer Studien in liebenswürdigster Weise unterstützt. Ich habe mich bemüht, das geistige Eigenthum jedes einzelnen derselben in den nachfolgenden Abschnitten meiner Arbeit möglichst klar hervortreten zu lassen. Für die Überlassung von paläontologischem Vergleichsmateriale bin ich den Herren Geheimrath Professor K. A. v. Zittel in München und Professor W. Waagen in Wien zu aufrichtigem Danke verpflichtet.

Besonderen Dank schulde ich der hohen kais. Akademie der Wissenschaften für die Liberalität, mit der sie durch Zuwendung der Boué-Stiftung diese Expedition unterstützt hat, sowie der hohen kais. indischen Regierung, die durch Gewährung der entsprechenden Subventionen es mir ermöglicht hat, jene Wunder, die das grossartigste Hochgebirge der Erde dem Geologen enthüllt, mit eigenen Augen zu schauen und neben Ferdinand Stoliczka und C. L. Griesbach als der dritte Österreicher an der Erschliessung desselben theilzunehmen.

I. Die Entwicklung der Triasbildungen in Johár und Painkhánda.

1. Entwicklung und gegenwärtiger Stand unserer Kenntniss der Himalaya-Trias.

Das Verdienst, auf das Vorkommen triadischer Bildungen im Himalaya zuerst hingewiesen zu haben, gebührt General R. Strachey, dessen geologische Aufnahmen in der Umgebung des Niti-Passes die Bedeutung einer grundlegenden Arbeit für unsere Kenntniss der stratigraphischen Verhältnisse im Central-Himalaya besitzen. Strachey erwähnt das Auftreten triadischer Schichten an mehreren Localitäten in dem Districte Painkhánda und hebt die Ähnlichkeit einer über den paläozoischen Ablagerungen auftretenden Schichtgruppe mit dem europäischen Muschelkalk ausdrücklich hervor. Er betont jedoch gleichzeitig, dass er die Bedeutung dieser Bildungen an Ort und Stelle nicht genügend erkannt habe, um die geologische Position derselben im Verhältnisse zu ihrer Umgebung genau zu bestimmen. Als Muschelkalk bezeichnet Strachey einen dunkelfarbigen Kalkstein, mit Schiefern und rothen Sandsteinen wechsellagernd, setzt indessen hinzu, dass die meisten der von ihm gesammelten Fossilien nicht aus dem anstehenden Gesteine, sondern aus Blöcken stammen.[2]

Nachdem schon 1855 Greenough auf die Ähnlichkeit jener Fossilien mit solchen der Fauna von St. Cassian aufmerksam gemacht hatte, glaubte E. Suess, der im Jahre 1862 die Sammlung Strachey's zu besichtigen Gelegenheit fand, eine ganze Reihe von Arten, wie *Ammonites floridus*, *A. Aon*, *A. Gaytani*, *A. Aussecanus*, *A. diffissus*, *Halobia Lommeli* mit solchen aus der Trias der Ostalpen direct identificiren zu

---

[1] Himalayan Fossils. Cephalopoda of the Muschelkalk. Palaeontologia Indica, ser. XV, vol. II, part 2.
[2] R. Strachey, On the Geology of part of the Himalaya Mountains and Tibet. Quart. Journ. Geol. Soc. VII, 1851, p. 292—310.

können.[1] J. W. Salter, der sich zusammen mit H. F. Blanford einer Bearbeitung des gesammten von General Strachey gesammelten paläontologischen Materials unterzog, schloss sich in seiner Beschreibung der Triasversteinerungen dieser Meinung an.[2]

Durch die Bearbeitung der von anderen Reisenden aus Spiti, Ladakh und Hundés mitgebrachten Fossilreste war mittlerweile die Existenz triadischer Ablagerungen auch in jenen Gebieten nachgewiesen worden.

Im Jahre 1863 beschrieb H. F. Blanford zwei triadische Ammoniten, *Ammonites (Ptychites) Gerardi* und *Ceratites Himalayanus* aus einer von Dr. Gerard in Spiti gesammelten Fossilsuite, und wies darauf hin, dass *A. Gerardi* einer in der alpinen Trias häufig vertretenen Gattung angehöre.[3]

In demselben Jahre begann A. Oppel eine Beschreibung der von den Brüdern v. Schlagintweit in Tibet und Spiti während der Jahre 1854—1857 gesammelten Versteinerungen.[4] Obwohl keine näheren Angaben über das Niveau, dem die einzelnen Stücke entstammten, vorlagen, sprach Oppel doch seine Zweifel an der Zugehörigkeit sämmtlicher Fossile zu den jurassischen Spiti-Shales aus und theilte später in den »Zusätzen und Folgerungen«, die im Jahre 1865 erschienen, eine ganze Reihe von Arten der Trias zu.[5] Innerhalb der letzteren schienen ihm einige Ceratiten, insbesondere *C. Wetsoni*, auf einen bestimmteren Horizont, nämlich auf den eigentlichen Muschelkalk, hinzudeuten.

Im Jahre 1864 beschrieb E. Beyrich zwei Fragmente von triadischen Ammoniten *(Ceratites peregrinus* und *A. brachyphyllus)*, die von dem Missionsprediger Prochnow aus Ladakh nach Europa gebracht worden waren.[6]

Auf Grund einer Bearbeitung der Brachiopoden und Bivalven unter den von den Brüdern Schlagintweit gesammelten Fossilien gelangte C. W. Gümbel (1865) zu der Ansicht, dass zwei Triashorizonte in Spiti nachweisbar seien, ein tieferer (Sandstein von Balmusáli) mit *Anoplophora fassaensis* Wissm., *Lima costata* Münst., *Nucula Goldfussi* v. Alb. u. a., und ein höherer, durch grauschwarze, faserige oder knollige Kalke mit *Meckoceras (Beyrichites) Khanikofi* Opp., *Lima lineata* v. Schloth., *Waldheimia vulgaris* v. Schloth. vertreten. Der letztere, dem die meisten der von Oppel beschriebenen Ceratiten und Ptychiten angehören, wird von Gümbel als ein Äquivalent des Muschelkalkes angesprochen, während der tiefere Horizont beiläufig den Werfner Schichten der alpinen Trias gleichgestellt wird.[7]

Auch E. Beyrich sprach gelegentlich seiner Untersuchungen über die Cephalopoden des alpinen Muschelkalkes die Meinung aus, dass die meisten der von Oppel beschriebenen Triasammoniten aus dem Himalaya grössere Analogien mit Arten des Muschelkalkes, als mit solchen der oberen Trias zeigen, und dass daher mindestens ein Theil der Triasablagerungen im Himalaya dem europäischen Muschelkalk gleichgestellt werden müsse.[8] Indem Beyrich gleichzeitig die Unrichtigkeit der Bestimmungen Salter's für die mit obertriadischen Arten von Hallstatt und St. Cassian identificirten Stücke nachwies, kam er zu der Anschauung, dass die gesammte bisher bekannte Cephalopodenfauna des Himalaya, vorausgesetzt,

---

[1] E. Suess, Verhandl. d. k. k. geol. Reichsanst. Bd. XII, p. 258 (31. Juli 1862).
[2] J. W. Salter and H. F. Blanford, Palaeontology of Niti in the Northern Himalaya. Calcutta 1865.
[3] H. F. Blanford, On Dr. Gerard's Collection of fossils from the Spiti Valley in the Asiatic Society's Museum. Journ. Asiatic Soc. of Bengal 1863, Nr. 2, p. 124—138.
[4] A. Oppel, Über ostindische Fossilreste aus den secundären Ablagerungen von Spiti und Gnari-Khorsum in Tibet. Paläontologische Mittheilungen aus dem Museum des königl. bair. Staates, I, S. 267.
[5] Unter den von Oppel beschriebenen Cephalopoden gehören folgende der Trias an: *Ophiceras demissum*, *Ceratites Welsoni*, *C. trauscus*, *C. anusius*, *C. Voiti*, *C. Thuilleri*, *Gymnites Lamarcki*, *G. Jollyanus*, *Meckoceras (Beyrichites) Khanikofi*, *M. (B.) proximum*, *Prosrecstes Balfouri*, *Ptychites Everesti*, *P. cognatus*, *P. cochleatus*, *P. rugifer*, *P. impletus*, *Japonites (?) runcinatus*.
[6] E. Beyrich, Monatsber. d. königl. preuss. Akad. d. Wiss. Berlin, 18. Jänner 1864, S. 58.
[7] C. W. Gümbel, Über das Vorkommen von unteren Triasschichten in Hochasien. (Nach den von den Gebrüdern Schlagintweit gesammelten Fundstücken beurtheilt.) Sitzungsber. d. königl. baier. Akad. d. Wiss. 1865, II. Theil, S. 348—306.
[8] E. Beyrich, Über einige Cephalopoden aus dem Muschelkalk der Alpen und über verwandte Arten. Abhandl. d. königl. Akad. d. Wiss. Berlin 1866, Nr. 2, S. 105—140.

dass ihr Inhalt einem und demselben Schichtsysteme angehöre, eher eine Muschelkalk- als eine Keuperfauna zu nennen sei.[1]

Während seit Strachey's Aufnahmen in Hundés und Painkhánda die Kenntniss der Triasbildungen im Himalaya sich bis dahin ausschliesslich auf der Basis paläontologischer Studien entwickelt hatte, unternahm im Jahre 1864 F. Stoliczka den Versuch, auf Grund eigener Beobachtungen in Spiti die Lagerungsverhältnisse der an dem Aufbau des Central-Himalaya betheiligten Schichtgruppen festzustellen. Die von ihm für die sedimentären Ablagerungen in Spiti aufgestellte Gliederung umfasst die nachfolgenden Abtheilungen:[2]

12. Chikkim Shales . . . . (?)
11. Chikkim Limestone . . . . . Rudistenkalke der oberen Kreide.
10. Gieumal-Sandstone . . . . . . Weisser Jura.
9. Spiti Shales . . . . Dogger.
8. Erdigo, jurassische Schiefer . . . (?)
7. Upper Tagling Limestone . . . . Mittlerer Lias.
6. Lower Tagling Limestone . . . . Kössener-Schichten, Unterer Lias.
5. Para Limestone . . . . Dachsteinkalk.
4. Lilang Series . . . . Obere Trias, Schichten von Hallstatt und St. Cassian.
3. Kuling Series . . . . Carbon.
2. Muth Series . . . . Ober-Silur.
1. Babeh Series . . . . Unter-Silur.

Obwohl dieser Entwurf einer Gliederung der sedimentären Bildungen im Central-Himalaya auf stratigraphischer Grundlage insbesondere in den Kreisen der indischen Fachgenossen Stoliczka's grossen Anklang fand und sowohl von Blanford und Medlicott in deren »Manual of the Geology of India« (Calcutta 1870), als auch in der geologischen Beschreibung von Kumaon und Gurwhal in dem officiellen »Gazetteer of the Northwestern Provinces of India« (Vol. X. Himalayan Districts) aus dem Jahre 1882 acceptirt wurde, hat sich derselbe doch seither nis in vieler Beziehung verfehlt erwiesen. Nach dem heutigen Stande unserer Kenntnisse lassen sich weder die von Stoliczka in dem obigen Schema aufgestellten Schichtgruppen, noch die von ihm vorgenommenen Parallelisirungen mit europäischen Formationen aufrecht erhalten. Dies gilt, wie Griesbach in überzeugender Weise dargethan hat, insbesondere für die Triasbildungen im Central-Himalaya, auf die in dem erwähnten Schema nicht nur die Lilang Series — die jedoch zum überwiegenden Theile den europäischen Muschelkalk repräsentirt — Para Limestone und vielleicht auch der Lower Tagling Limestone (pro parte), sondern auch die obere Abtheilung der Kuling Series entfallen, indem Stoliczka die dieser Abtheilung zugehörigen marinen Äquivalente des europäischen Buntsandsteins nicht als solche erkannte. Stoliczka, dem zur Zeit der Abfassung seiner Arbeit die Ergebnisse der paläontologischen Untersuchungen von Beyrich und Gümbel noch nicht bekannt waren, sprach nämlich die Behauptung aus, die Lilang Series repräsentire ausschliesslich obertriadische Bildungen (Hallstätter und St. Cassianer Schichten), liege unmittelbar über dem Carbon und das ganze Perm und die untere Trias (Buntsandstein und Muschelkalk) seien in diesem Theile des Himalaya überhaupt ohne eine Vertretung.[3]

---

[1] Wenngleich die meisten der von Salter beschriebenen Cephalopoden in der That dem Muschelkalk angehören und die Identificirung mit europäischen Arten aus der oberen Trias der Ostalpen durchaus irrig erscheint, so sind doch unter denselben auch einige echte obertriadische Formen vertreten, wie z. B. das pl. VII, fig. 6 a, b, c, d abgebildete *Trachyceras*.

[2] F. Stoliczka, Geological Sections across the Himalayan Mountains from Wangtu-Bridge on the River Sudlej to Sungdo on the Indus etc. Mem. of the Geol. Survey of India, vol. V, part I, p. 1—154. Calcutta 1865.

[3] Unter den sämmtlichen von Stoliczka beschriebenen Triascephalopoden aus Spiti stammen sicherlich zwei Arten: *Griesbachites Medleyanus* Stol. und *Cladiscites indicus* Mojs. (*Ammonites Gaydani* Stol.), wahrscheinlich auch noch *Isculites Haucrinus* Stol. und *Lobites Oldhamianus* Stol. aus obertriadischen Horizonten. Alle übrigen sind, wie ich mich auf Grund einer Neubearbeitung des gesammten im Museum von Calcutta befindlichen Materials von Triascephalopoden mit den Originalstücken

Ein wesentlicher Fortschritt in Bezug auf eine zutreffende Deutung der triadischen Bildungen wurde erst durch die zusammenhängenden Aufnahmen von C. L. Griesbach in Painkhánda, Johár und den angrenzenden Theilen von Hundés herbeigeführt.

Griesbach begann seine Arbeiten im Jahre 1879 im Gebiete von Niti. Auf Grund derselben gab er zunächst ein Profil durch das Shalshal Cliff bei Rimkin Paiar E. G., das gewissermassen als Normalprofil durch die Triasablagerungen des Central-Himalaya gelten kann [1] und knüpfte daran eine Beschreibung der Cephalopodenfauna der von ihm entdeckten untertriadischen Schichtgruppe der Otoceras Beds. [2] Im Jahre 1883 fand Griesbach zu einer Revision der Aufnahmen Stoliczka's in Spiti Gelegenheit und wies eine Vertretung der unteren und mittleren Trias daselbst nach. [3] Eine zusammenfassende Darstellung der Ergebnisse seiner geologischen Aufnahmen im Central-Himalaya veröffentlichte er im Jahre 1891. [4] Seinen Beobachtungen zufolge ergibt sich in dem Profil des Shalshal Cliff bei Rimkin Paiar E. G. die nachstehende Gliederung für die gesammten Schichtbildungen zwischen dem obercarbonischen Quarzit und den jurassischen Spiti Shales:

14.	4m mächtig	Schwarze Schiefer und dunkle oolithische Kalke		Lias
13.	4m	Graue Crinoiden führende Kalksteine in unregelmässigen, dünnen Bänken mit vielen Bivalven und Brachiopoden der Koessener Facies		Passage Beds
12.	60m	Dickbankige Lithodendron-Kalksteine mit Crinoidenkalkbänken und Fossilien der Koessener Facies.	Ob. Rhät. Unt.	Hauptlithodendronkalk und Koessener-Schichten.
11.	circa	Dickbankige Kalksteine mit *Megalodon*.		Dachsteinkalk. Hauptdolomit.
10.	600m	Dolomite und Kalksteine.		
9.		Leberfarbige Kalke, wechselnd mit grünlichen Schiefern und erdigen Lagen.		
	150m	Horizont der *Corbis Mellingi* Hauer. var.		
8.		Grünlich graue Kalke und Schiefer mit *Spirifer Illangensis* Stol. var.		Obere Trias.
	140m	Harte graue Kalke und glimmerige Schiefer. Horizont des *Sibirites spinescens* Hauer und des *Juvavites Ehrlichi* Hauer.		
7.				
6.	130m	Daonella Beds; Wechsellagerung von schwarzen Kalken und schwarzen splittrigen Schiefern, I. Obertriadischer Cephalopoden-Horizont.		
5.	15m	Muschelkalk, harte, graue Kalksteine mit *Ceratites*, *Ptychites*, *Arcestes* etc.		Muschelkalk.
4.	1m	Erdige, graue Kalksteine mit vielen Brachiopoden; Horizont der *Rhynchonella semiplecta* Münst. var.		
3.	10m	Schwarze Kalke und Schiefer; Horizont des *Norites planulatus* De Kon.	Otoceras Beds.	Buntsandstein. (Untere Trias)
2.	0m	Schwarze Kalke und Schiefer; Horizont des *Otoceras Woodwardi* Griesb., *Ophiceras medium* Griesb. etc.		
1.	40m	*Productus* Shales; schwarze kohlige Schiefer mit *Productus* div. sp. . . .		Perm.

Diese Gliederung darf auch heute noch mit einigen Modificationen als den thatsächlichen Verhältnissen am besten entsprechend betrachtet werden. In den nachfolgenden Ausführungen wird sich wiederholt

---

Stoliczka's überzeugen konnte, typische Formen des indischen Muschelkalkes. Während Stoliczka eine Lücke zwischen dem Carbon und der oberen Trias annehmen zu müssen glaubte, wissen wir heute, dass gerade der Himalaya neben der Salt Range die reichste bis heute bekannt gewordene Gliederung der unteren Trias (beziehungsweise des Buntsandsteins) aufweist.

In den Ergebnissen einer im Jahre 1865 durchgeführten geologischen Recognoscirung von Kashmir und Ladakh, die unter dem Titel »Summary of geological observations during a visit to the provinces of Rupshu, Karnag, South Ladakh, Zanskar, Suroo and Dras of Western Tibet in 1865« (Mem. Geol. Surv. of India, V, part III, 1866, p. 337—354) veröffentlicht wurde, steht Stoliczka in dieser Richtung noch ganz auf dem Boden der in Spiti gewonnenen Auffassung.

[1] C. L. Griesbach, Geological Notes. Records Geol. Surv. of India, XIII, 1880, p. 83—93.
[2] C. L. Griesbach, Palaeontological Notes on the Lower Trias of the Himalayas. Records Geol. Survey of India XIII, 1880, p. 94—113; XIV, 1881, p. 154.
[3] C. L. Griesbach, Geological Notes. Records Geol. Survey of India XXII, 1880, p. 158—167.
[4] C. L. Griesbach, Geology of the Central Himalayas. Memoirs of the Geol. Survey of India XXIII, 1891.

Gelegenheit ergeben, auf dieselbe zurückzukommen und den Nachweis zu führen, dass die von Griesbach auf Grund des Studiums der Lagerungsverhältnisse entworfene Eintheilung der Schichtgruppen zwischen Obercarbon und Jura und deren Parallelisirung mit europäischen Ablagerungen auch vom paläontologischen Standpunkte aus im grossen Ganzen gerechtfertigt erscheint.

Von weiteren Arbeiten, durch die seit dem Beginne der geologischen Aufnahmen von Griesbach in Painkhánda unsere Kenntniss der Triasbildungen des Himalaya gefördert wurde, ist zunächst Lydekker's umfangreicher Bericht über seine geologischen Untersuchungen in Kashmir und Ladakh zu nennen.[1] Lydekker, der noch vollständig auf dem Boden der Auffassung Stoliczka's steht, wies die weite Verbreitung der »Supra-Kuling Series«, unter welchem Namen er die gesammten mesozoischen Schichtbildungen zwischen der »Kuling Series« und dem »Chikkim Limestone« Stoliczka's zusammenfasste, in jenem Gebiete nach und erwähnt des Auftretens unzweifelhaft triadischer Kalksteine (insbesondere Muschelkalk mit Ptychiten und Dachsteinkalk mit Megalodonten) in mehreren Profilen auch ausserhalb der seinerzeit von Stoliczka recognoscirten Gegenden. Bezüglich einer weiteren Gliederung der Triassedimente geben seine Mittheilungen keinerlei Anhaltspunkte, insbesondere fehlt für eine solche in Lydekker's Detailschilderungen jede paläontologische Basis.

Gelegentlich seiner Untersuchungen über die Cephalopodenfaunen der alpinen Trias unterzog E. v. Mojsisovics auch das gesammte Material Oppel's an Triascephalopoden aus der Sammlung der Brüder Schlagintweit einer nochmaligen Bearbeitung.[2] Auch er gelangte übereinstimmend mit Oppel und Beyrich zu der Überzeugung, dass die meisten der von Oppel beschriebenen Triasammoniten die nächste Verwandtschaft zu Arten des alpinen Muschelkalkes besitzen, dass jedoch gleichzeitig auch Beziehungen zu solchen aus dem Muschelkalk von Spitzbergen vorhanden seien. Diese Beziehungen hat der genannte Forscher in seinen Studien über die arktischen Triasfaunen weiter verfolgt und zu zeigen versucht, dass die »indische Triasprovinz« als ein Verbindungsglied zwischen der alpinen Trias einerseits und der arktisch-pacifischen andererseits zu betrachten sei.[3]

Endlich hat E. v. Mojsisovics mit Zugrundelegung der stratigraphischen Daten von Griesbach und des von dem letzteren, Stoliczka, Gerard u. a. gesammelten Materials aus dem Museum in Calcutta eine kurze Übersicht der triadischen Cephalopodenfaunen des Himalaya gegeben, welche den diesbezüglichen Stand unserer Kenntnisse vor Abgang der mir übertragenen Expedition zu markiren bestimmt war. Es lassen sich nach E. v. Mojsisovics in der Trias des Central-Himalaya sechs Cephalopodenhorizonte unterscheiden. Von diesen entfallen zwei auf den Buntsandstein, einer auf den Muschelkalk, drei auf die obere Trias. Unter den letzteren erscheint der tiefere im Profile des Shalshal Cliff und im Lissarthale durch Fragmente von *Arcestes, Eulomoceras, Arpadites* und (?) *Trachyceras* aus den »Daonella Beds«, der höhere durch einige Ammoniten aus den Gattungen *Sibirites, Halorites* und *Heraclites* aus dem »Horizont des *Sibirites spinescens*« bei Griesbach repräsentirt, während der dritte, der beiläufig der Zone des *Tropites subbullatus* der Hallstätter Kalke entspricht, bisher nur an einem Punkte oberhalb des Lagerplatzes Kalapani hart an der Grenze von Byans, Nepal und Hundes aufgefunden wurde.[4]

Noch mag an dieser Stelle einer um dieselbe Zeit veröffentlichten Mittheilung von W. Wangen über die Triasablagerungen der Salt Range Erwähnung gethan werden, die, obschon ein ausserhalb des Himalaya gelegenes Gebiet behandelnd, doch zu den hier zu erörternden Fragen in mehrfacher Beziehung steht.[5]

---

[1] R. Lydekker, The Geology of the Kashmir and Chamba Territories, and the British District of Khágán. Memoirs Geol. Survey of India, vol. XXII, 1883.

[2] E. v. Mojsisovics, Die Cephalopoden der Mediterranen Triasprovinz. Abhandl. d. k. k. geol. Reichsanst. Bd. X, 1882.

[3] E. v. Mojsisovics, Arktische Triasfaunen. Mem. d. kais. Akad. d. Wiss. in St. Petersburg, Bd. XXXIII, 6. Lief. 1886, Vergl. auch Verhandl. d. k. k. geol. Reichsanst. 1886, S. 155.

[4] E. v. Mojsisovics, Vorläufige Bemerkungen über die Cephalopodenfaunen der Himalaya-Trias. Sitzungsber. d. kais. Akad. d. Wiss. Wien; mathem.-naturw. Cl. Bd. CI, 1. Abth. Mai 1892.

[5] W. Wangen, Vorläufige Mittheilungen über die Ablagerungen der Trias in der Salt-Range. Jahrb. d. k. k. geol. Reichsanst. 42. Bd. 1892, S. 377—386.

2. Detailbeschreibung.

A. Das Shalshal Cliff bei Rimkin Paiar.

Das Profil des Shalshal Cliff bei Rimkin Pniar Encamping Ground hat durch die detaillirten Untersuchungen von C. L. Griesbach im Jahre 1879[1] für die Kenntniss der Triasablagerungen des Central-Himalaya classische Bedeutung gewonnen. Es darf in der That als ein Normalprofil der Himalaya-Trias gelten, insbesondere für die tieferen Abtheilungen der letzteren, während die höheren obertriadischen Horizonte in dem Profile der Bambanag Cliffs (Girthi-Thal) durch grösseren Fossilreichthum charakterisirt sind.

Das sogenannte Shalshal Cliff wird durch die Abstürze einer 4600 bis 4800 *m* hohen Vorstufe im Süden der Wasserscheide des Ma Rhi-La (16.380 e. F.) und Shalshal-Passes (16.390 e. F.) gegen das Thal des Chorhoti-Baches (Abfluss des Chorhoti-Gletschers, Shalshal River bei Griesbach, l. c.) gebildet. Die Wasserscheide selbst besteht auf der angegebenen Strecke aus den von Stoliczka mit dem Namen Gieumal Sandstone bezeichneten Flyschsandsteinen von muthmasslich cretaceischem Alter. Die erwähnte plateauartige, in zahlreiche Hügelwellen aufgelöste Vorstufe verdankt dem Auftreten der weichen, den Atmosphärilien gegenüber wenig resistenzfähigen Spiti-Shales (oberjurassischen und neocomen Alters) ihre Entstehung. Unter den Spiti Shales taucht, den Rand der Stufe markirend, eine Platte von lichten Kalken empor, die von Griesbach mit dem Dachsteinkalk der österreichischen Alpen verglichen und der Rhätischen Etage zugezählt wurden. Ich werde diesen 400—600 *m* mächtigen Complex von lichten Kalksteinen und Dolomiten über den durch Cephalopoden charakterisirten Triasbildungen des Himalaya in diesen Beschreibungen fernerhin als »Obertriadische Hochgebirgskalke« bezeichnen. Alle diese Schichtgruppen fallen gleichsinnig und regelmässig nach NO gegen die tibetanische Grenze entlang der Wasserscheide ein. So kommt es, dass die obertriadischen Hochgebirgskalke ihre mässig geneigten Schichtflächen gegen die Vorstufe von Chojan, Shalshal und Chutahoti kehren, während ihre Schichtköpfe in dem steilen Absturze des Shalshal Cliff gegen den Chorhoti-Bach entblösst sind.

Der mächtige Wandabsturz dieser obertriadischen Hochgebirgskalke krönt die Front des Shalshal Cliff auf eine Erstreckung von mehr als 10 *km* bis zur Vereinigung der von den beiden Barahoti genannten Weideplätzen abfliessenden Bäche. Weiter gegen NW tauchen jene Hochgebirgskalke unter die Spiti Shales hinab, die den Untergrund des Kessels von Barahoti bis zum Fusse des Silakank (18.040 e. F.) ausfüllen. Unter den obertriadischen Hochgebirgskalken liegen in den zumeist ziemlich steilen Gehängen, bis zum Chorhoti-Bache herab, die übrigen Schichtglieder der Trias mit gleichsinnigem NO Fallen aufgeschlossen.

Die südlich vom Chorhoti-Bache gelegene, ca. 20.000 e. F. hohe Kurguthidar-Kette besteht aus carbonischen Crinoidenkalken und Quarziten, deren Schichten sich nach SW neigen. Auch die an das ältere Gebirge zumeist mit Bruch herantretenden Triasbildungen auf dem rechten Ufer des Chorhoti-Baches zeigen bereits stellenweise SW Fallen, oder liegen nahezu horizontal. Es fällt, wie Griesbach gezeigt hat, das Thal des Chorhoti-Baches beiläufig zusammen mit einer gesprengten Anticlinallinie, deren regelmässiger Verlauf jedoch durch das Einsetzen der hier in zahlreiche Einzelbrüche zersplitterten Painkhánda-Fault gestört wird.

Der Verlauf einzelner Dislocationen tritt schon im Landschaftsbilde durch den scharfen Contrast in der Färbung und in dem physiognomischen Habitus der verschiedenen Schichtgruppen deutlich hervor. Auf Taf. I erkennt man ohne Schwierigkeit das unvermittelte Abschneiden der kohlschwarz gefärbten, permischen Productus Shales an den weissen Quarziten des Obercarbon und den scharfen Abbruch der obertriadischen Hochgebirgskalke an den carbonischen Crinoidenkalken und Quarziten in dem rechts-

---

[1] C. L. Griesbach, Records Geol. Survey of India XIII, 1880, p. 83—93 und Mem. Geol. Survey of India XXIII, 1891, p. 136 ff.

seitigen, die Abflüsse von Chorhoti und Barahoti trennenden Rücken. Die obertriadischen Hochgebirgskalke dieses Rückens erscheinen an dem Bruche nach aufwärts geschleppt. Weiterhin bilden sie ein flaches Gewölbe, ihrer Lage in der Scheitellinie der oben erwähnten Anticlinale entsprechend, die mit dem Laufe des Chorhoti-Baches beiläufig zusammenfällt.

Die erste Recognoscirung des Shalshal Cliff unternahm ich auf dem Abstiege von dem östlichen der beiden Barahoti genannten Weideplätze an den linksseitigen Gehängen des mit dem Chorhoti-Bache oberhalb Rimkin Paiar E. G. sich vereinigenden Zuflusses. Der erste tief eingerissene Cañon südlich von Barahoti ist noch ganz in die Steilwände der obertriadischen Hochgebirgskalke eingeschnitten. Hat man den Ausgang desselben überschritten, so geht es wohl noch mehr als einen Kilometer beständig über die horizontalen, treppenförmigen Absätze der Schichtköpfe des Hochgebirgskalkes abwärts, ehe man an die Aufschlüsse der unterlagernden Triasbildungen gelangt. Eine Querverwerfung durchsetzt an dieser Stelle

Fig. 1.

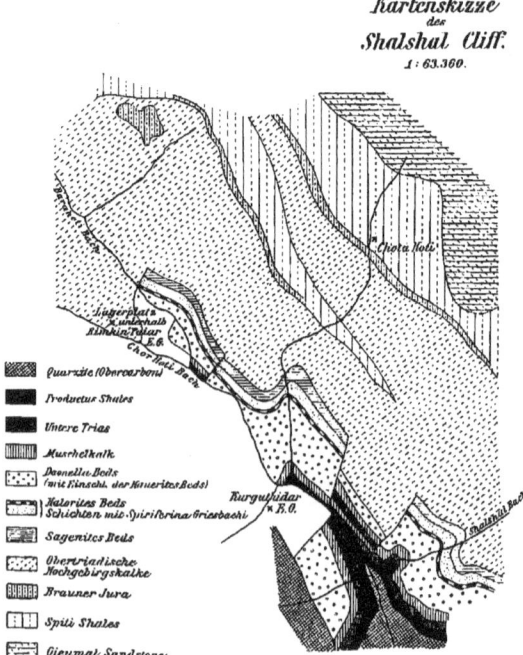

Kartenskizze des Shalshal Cliff.
1 : 63.360.

das Cliff und senkt den Westflügel des letzteren um 200 bis 300 m. Die Hochgebirgskalke, in welche der Abfluss von Barahoti bis dahin eingegraben war, schneiden infolge dessen an den stratigraphisch tieferen Schichten der oberen Trias scharf ab und diese letzteren setzen weiterhin das Gehänge bis zu beträchtlicher Höhe zusammen. In der Sohle des Baches sind zunächst nur obertriadische Schichten (Daonella Beds Griesbach) entblösst. An der Stelle des Zusammenflusses mit dem Chorhoti-Bache aber reichen die Aufschlüsse bereits bis in den Muschelkalk hinunter und eine kurze Strecke weiter thalabwärts, gerade gegenüber dem Weideplatze von Rimkin Paiar (13.770 e. F.), sind unter dem Muschelkalke auch noch untere Trias und Productus Shales aufgeschlossen. Hier hat man von der Thalsohle bis zu den Steilwänden der obertriadischen Hochgebirgskalke hinauf ein vollständiges Profil der Trias, deren Mächtigkeit auf 500—600 m veranschlagt werden kann.

Taf. II und Fig. 2 stellen Ansichten dieser Partie des Shalshal Cliff von Süden, beziehungsweise von Südwesten dar.

Das Profil des Shalshal Cliff, dessen Begehung den folgenden Darstellungen zu Grunde gelegt erscheint, ist keineswegs mit dem von Griesbach im Jahre 1879 begangenen und zum grossen Theile bankweise vermessenen Profil identisch. Griesbach's Profil befindet sich ein beträchtliches Stück weiter im SO von Rimkin Paiar E. G. (ca. 4 km) und verläuft entlang dem vom Zusammenflusse des Chorhoti- und Shalshal-Baches (Abfluss des Weideplatzes Shalshal) gegen NNO ziehenden Felssporn. Griesbach's Zeichnung (Pl. XIII in Mem. Geol. Surv. of India XXIII.) dagegen stellt den südlich vom Shalshal-Bache gelegenen Theil des Cliff dar, in welchem auch noch die obercarbonischen Quarzite unter den Ablagerungen der Trias und den Productus Shales zu Tage treten, die jedoch schwieriger zugänglich erscheint, als die weiter im Norden gelegenen Partien.

Das von mir aufgenommene Profil des Shalshal Cliff umfasst die Gehänge gegenüber dem Weideplatze Rimkin Paiar (Fig. 2). Ich habe dasselbe in seiner vollen Ausdehnung bis zu den obertriadischen Hochgebirgskalken allerdings nur zweimal begangen. Die beträchtliche Entfernung von einem geeigneten Ausgangspunkte gestaltete diese Begehung schwierig und zeitraubend. Es ist nämlich nicht möglich, von Rimkin Paiar direct an den Fuss des Shalshal Cliff zu gelangen, da der tiefe und reissende Chorhoti-Bach hier nicht mehr passirt werden kann. Wir waren daher genöthigt, unser Lager an der Westseite des bereits erwähnten Rückens zwischen den Bächen von Chorhoti und Barnhoti aufzuschlagen, so dass nur die Nothwendigkeit einer Überschreitung des letzteren bei einem Besuche des Shalshal Cliff vorlag. Nachdem wir die obere Trias in dem Profile der Bambanag Cliffs eingehend untersucht hatten, begnügte ich mich, bei meiner Begehung des Shalshal Cliff die weitgehende Übereinstimmung in der Entwicklung an beiden Localitäten zu constatiren, die übrigens den trefflichen Darstellungen von Griesbach gemäss mit Recht erwartet werden durfte. Unser Interesse war hier in erster Linie den tieferen Gliedern der Trias zugewendet, die im Shalshal Cliff erheblich vollständiger aufgeschlossen und durch einen grösseren Reichthum an Versteinerungen ausgezeichnet erscheinen, als im Bambanag-Profile, so dass sie in dieser Richtung eine wesentliche Bereicherung der dort gewonnenen Erfahrungen boten.

Es wurde bereits angedeutet, dass an den Gehängen gegenüber Rimkin Paiar E. G. die Schichtfolge mit den Productus Shales beginnt, für deren oberpermisches Alter in einem späteren Abschnitte dieser Arbeit Beweise erbracht werden sollen. Die Productus Shales sind hier in einer Mächtigkeit von 30 bis 40 m über der Sohle des Chorhoti-Baches aufgeschlossen. Ihr lithologischer Habitus ist von Griesbach in durchaus zutreffender Weise geschildert worden. Sie sind meist in der Facies glänzend schwarzer, splittrig zerfallender Schiefer entwickelt, die eine beträchtliche äussere Ähnlichkeit mit den Spiti Shales haben. Sie enthalten gleich den letzteren zahlreiche Geoden, aber ohne Versteinerungen. Fossilien finden sich in dieser Schichtgruppe nur in nesterweise auftretenden Zwischenlagen eines gelbgrauen oder braungrauen Sandsteines oder in rothgrauen Kalklinsen, wie bei Kiunglung am Fusse des Niti-Passes. Derartige Einlagerungen fehlen aber an dieser Localität in den höheren Abtheilungen der Productus Shales. In unserem Profile wenigstens haben sich die obersten Bänke der Productus Shales in einer Mächtigkeit von 5 bis 10 m als vollständig versteinerungsleer erwiesen.

Über den Productus Shales beginnen die Otoceras Beds der unteren Trias zunächst mit einem Wechsel von Schiefer- und Kalksteinbänken. Die Kalke sind grau bis tiefschwarz, rostroth anwitternd, und in Bänken von 10—15 cm Mächtigkeit abgelagert. Die annähernd gleich mächtigen Zwischenlagen von Schiefer sind von matterer Farbe als die schwarzen, glänzenden Productus Shales, und meist graugrün angewittert. Auch enthalten sie keine Geoden mehr. Gleichwohl ist die Grenze zwischen beiden Schichtgruppen bis zu einem gewissen Grade willkürlich.

Die untersten Kalk- und Schieferlagen unmittelbar über den Productus Shales haben keinerlei Versteinerungen geliefert. Der ganze erstaunliche Fossilreichthum der Otoceras Beds concentrirt sich vielmehr auf eine 50 bis 80 cm über der oberen Grenze der Productus Shales gelegene Bank von dunklen, blauschwarzen oder schwarzgrauen, sehr feinkörnigen Kalken, deren Mächtigkeit 15 bis 30 cm beträgt. Diese Kalkbank ist in der Regel eine lumachellenartige Anhäufung von Cephalopodenschalen, die zumeist vorzüglich erhalten sind. Gebrochene Schalen sind verhältnissmässig selten. Infolge der zähen Beschaffenheit der Matrix ist die Präparation guter Stücke mit vollständiger Schalenoberfläche gleichwohl schwierig. Unter den Cephalopoden spielen verschiedene Arten der Gattung *Ophiceras* Griesb. die herrschende Rolle. Ausserdem befindet sich in dieser Bank das Hauptlager der der Gattung *Otoceras* Griesb. angehörigen Formen.

Fig. 2.

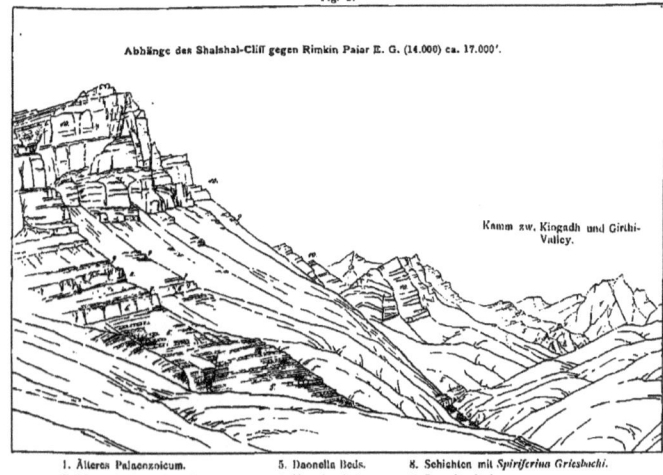

Abhänge des Shalshal-Cliff gegen Rimkin Paiar E. G. (14.000) ca. 17.000'.

Kamm zw. Kingadh und Girthi-Valley.

1. Älteres Palaeozoicum.
2. Obercarbonische Quarzite.
3. Productus Shales und Untere Trias.
4. Muschelkalk.
5. Daonella Beds.
6. Hauerites Beds.
7. Halorites Beds.
8. Schichten mit *Spiriferina Griesbachi*.
9. Sagenites Beds.
10. Obertriadische Hochgebirgskalke.

Die Fauna dieser Bank umfasst, meinen Aufsammlungen zufolge, die nachstehenden Cephalopoden-Arten:

Nautilus brahmanicus Griesb.
Otoceras Woodwardi Griesb.
» *fissisellatum* n. sp.
» *Clivei* n. sp.
„ *Draupadi* n. sp.
Hungarites sp. ind.

Medlicottia Daluilamae n. sp.
Ophiceras tibeticum Griesb.
» *Sakuntala* n. sp.
» *demissum* Oppel.
» *gibbosum* Griesb.
» *platyspira* n. sp.

Ophiceras ptychodes n. sp.
— *serpentinum* n. sp.
— *Chamunda* n. sp.
— *Dharma* n. sp.
Danubites sp. ind.

Meekoceras boreale n. sp.
— *Hodgsoni* n. sp.
— *(Koninckites) Vidarbha* n. sp.
— *(Kingites) Varaha* n. sp.
Vishnuites n. gen. *Pralambha* n. sp.

Neben den Cephalopoden treten die übrigen Abtheilungen der Mollusken fast ganz in den Hintergrund, doch finden sich vereinzelt auch Zweischaler, Gastropoden und Brachiopoden.

Unmittelbar über dieser Kalkbank mit dem Hauptlager des *Otoceras Woodwardi* Griesb. und seiner Verwandten folgt eine 15 bis 20 *cm* dicke Bank von graugrünen, zerreiblichen, sehr dünnplattigen Schiefern, die neben Fragmenten von *Otoceras* sp. die folgenden Versteinerungen enthielt:

Medlicottia Dalailamae n. sp.   *Proptychites Scheibleri* n. sp.
Prosphingites Kama n. sp.

Bis zu einer Höhe von 1 *m* über dem *Otoceras*-Hauptlager folgen nun wieder kalkige Bänke, die noch immer einzelne aber meist schlecht erhaltene, specifisch nicht näher bestimmbare Stücke von *Ophiceras* führen; darüber splittrige Schiefer mit Einlagerungen von Kalksteinzügen, die aber den Schiefern gegenüber nur eine untergeordnete Rolle spielen, in einer Mächtigkeit von $2^1/_2$ bis 3 *m*. Über diesem Schieferhorizont vollzieht sich ein allmäliger Wechsel von den dunklen Kalken, wie sie dem *Otoceras*-Hauptlager eigen sind, zu hellgrauen oder schwärzlich grauen, gelbbraun anwitternden Kalken, die lithologisch den oberen Horizont der unteren Trias, sowie den unteren Muschelkalk charakterisiren.

Diese Abtheilung der untertriadischen Schichtreihe besteht in einer Mächtigkeit von 10 bis 12 *m* aus dünn geschichteten 10 bis 15 *cm* dicken, hellgrauen, dichten Kalksteinbänken, die durch theils gleich, theils minder mächtige Zwischenlagen von Schiefer oder von schieferigem Kalkstein getrennt sind.

Die untersten Bänke bis zu einer Höhe von cca. 6 *m* über dem Hauptlager des *Otoceras Woodwardi* haben ausser *Danubites* sp. ind. aff. *planidorsato* Dien. nur Bruchstücke von specifisch nicht bestimmbaren Ammoniten geliefert, die wahrscheinlich den Gattungen *Ophiceras* und *Meekoceras* angehören.

Die oberen Bänke dieses Schichtcomplexes enthalten zahlreiche aber zumeist arg deformirte Versteinerungen. Besser erhaltene Stücke sind selten. Unter diesen letzteren sind folgende Formen zu verzeichnen:

Orthoceras sp. ind.   *Danubites Purusha* n. sp.
Nautilus sp. ind. ex aff. *N. Palladii* E. v. Mojs.   *Flemingites Rohilla* n. sp.
Ceratites subrobustus v. Mojs.

Die Fauna ist eine von jener des *Otoceras*-Hauptlagers vollständig verschiedene. Als das wichtigste Fossil innerhalb derselben erscheint *Ceratites subrobustus*, in meinen Aufsammlungen durch ein ausgezeichnet erhaltenes Exemplar von 17·5 *cm* Durchmesser vertreten, über dessen Zugehörigkeit zu der von E. v. Mojsisovics beschriebenen Art aus den Olenek-Schichten des nördlichen Sibirien kein Zweifel obwalten kann. Es erscheint demgemäss gerechtfertigt, die obere Abtheilung der im Profil des Shalshal Cliff zur unteren Trias (Buntsandstein) zu rechnenden Schichtserie als «Subrobustus-Schichten» von den eigentlichen Otoceras Beds zu trennen und den letzteren von Griesbach mitunter für die gesammte untere Trias des Himalaya gebrauchten Namen auf jene Schichten zu beschränken, welche thatsächlich die Fauna des *Otoceras*-Hauptlagers führen.

Mit den Subrobustus Beds sowohl als mit der im Hangenden folgenden Hauptmasse des Muschelkalkes in engster stratigraphischer Verbindung steht die von Griesbach als Horizont der *Rhynchonella semiplecta* bezeichnete Schichtgruppe. Griesbach fasst dieselbe als eine untere Abtheilung des Muschelkalkes auf, eine Anschauung, deren Richtigkeit durch die Ergebnisse unserer gemeinsamen Aufnahmen bestätigt wurde. Im Shalshal Profil ist dieser Horizont nur 1 bis höchstens $1^1/_2$ *m* mächtig und durch graue, dünn geschichtete, manchmal erdige Kalksteine vertreten, die eine individuenreiche aber ziemlich artenarme Brachiopodenfauna enthalten, von deren Charakter an einer anderen Stelle noch die Rede sein wird.

Von Cephalopoden hat dieser Horizont nur einen einzigen Ammoniten geliefert, nämlich:

Sibirites Prahlada n. sp.

Diese Art besitzt eine reiche, an einige der geologisch jüngeren Hallstätter Arten erinnernde Sculptur, während ihre Loben noch auf dem tiefen Entwicklungsstadium der arctischen Sibiriten stehen.

Die darüber folgende Hauptmasse des Muschelkalkes besteht aus grauen oder gelbgrauen, häufig knolligen Kalksteinen, die eine reiche Cephalopodenfauna führen. In dem hier geschilderten Profil, wo die Aufsammlungen, soweit es die Steilheit des Gehänges zuliess, bankweise vorgenommen wurden, habe ich aus dem eigentlichen Muschelkalk die nachstehenden Cephalopoden-Arten erhalten:

Fig. 3.

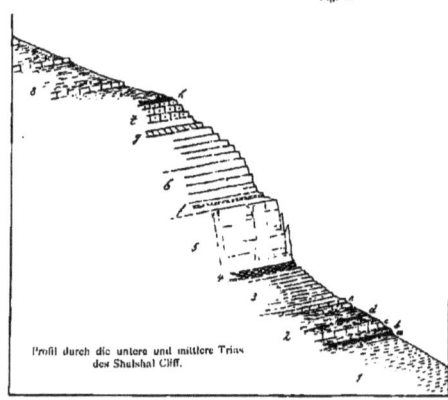

Profil durch die untere und mittlere Trias des Shalshal Cliff.

1. Productus Shales
2. Otoceras Beds
   - a. Hauptlager des *Otoceras Woodwardi*.
   - b. Schiefer mit *Medlicottia Dalailamae*.
   - c. Kalke mit *Ophiceras* sp.
   - d. Fossilarme Schiefer.
   - e. Kalke und Schiefer.
3. Subrobustus Beds.
4. Dünngeschichtete Kalke mit *Sibirites Prahlada*.
5. Muschelkalk (Untere massige
6. Muschelkalk (Obere geschichtete) Abtheilung.
   - f. Hauptlager des *Ceratites Thuilleri* Opp.
   - g. Hauptlager des *Ptychites rugifer* Opp.
7. Crinoidenkalke der *Aonoides*-Zone mit *Joannites* cf. *cymbiformis*.
   - h. Halobienbank der *Aonoides*-Zone.
8. Daonella Beds.

Nautilus sp. ind. ex aff. *N. Griesbachi* Dien.
Orthoceras sp. ind. ex aff. *O. campanili* v. Mojs.
Ceratites sp. ind. ex aff. *C. Welsoni* Oppel
 » *Ravana* n. sp.
 » *Ravana* var.
 » sp. ind. ex aff. *C. Ravana* Dien.
 » *Airavata* n. sp.
 » n. sp. ind. aus der Gruppe der *C. circumplicati*
 » *Visvakarma* n. sp.
 » *Arjuna* n. sp.
 » *Vyasa* n. sp.
 » sp. ind. ex aff. *C. Vyasa* Dien.
 » sp. ind. ex aff. *C. Zoldiano* v. Mojs.
 » *Thuilleri* Oppel
 » *Kamadeva* n. sp.
 » sp. ind. ex aff. *C. Middendorfi* Keyserl.
 » n. sp. ind. aus der Gruppe der *C. geminati*
Japonites Sugriva n. sp.
 » *Chandra* n. sp.

Acrochordiceras Balarama n. sp.
N. gen. ex fam. *Arcestidarum* sp. ind.
Meekoceras (Beyrichites) Khanikofi Oppel
 » » *Kesava* n. sp.
 » » *affine* v. Mojs.
 » » *Nanda* n. sp.
 » » *Gangadhara* n. sp.
 » » *Rudra* n. sp.
Gymnites Jollyanus Oppel
 » n. sp. ex aff. *G. Sankara* Dien.
Buddhaites n. subgen. *Rama* n. sp.
Sturia Sansovinii v. Mojs.
Proptychites Natikaula n. sp.
 » *Srikanta* n. sp.
Ptychites rugifer Oppel
 » *Govinda* n. sp.
 » *Sumitra* n. sp.
 » *Gerardi* Blanf.
 » *Everesti* Oppel

Ptychites Drona n. sp. | *Ptychites Mahendra* n. sp.
» *cochleatus* Oppel |

Die Hauptmasse des Muschelkalkes stellt sich in unserem Profil als eine 20 bis 25 *m* mächtige Steilstufe dar, die in etwas mehr als halber Höhe eine deutlich ausgeprägte Terrasse aufweist. Der untere Theil dieser Steilstufe besteht aus massigen, zumeist knolligen Kalken, in denen nur zuweilen eine Schichtung angedeutet erscheint. Er erhebt sich unmittelbar über den dünn geschichteten Kalkbänken mit *Sibirites Prahlada* 10 bis 12 *m* hoch, in einer senkrechten Steilwand, die nur durch einzelne, in dieselbe eingerissene Couloirs zugänglich ist. Die obere Abtheilung der Muschelkalk-Stufe dagegen besteht aus gut geschichteten, hellgrauen oder schwarzgrauen Kalksteinen, ab und zu mit 5 bis 10 *cm* dicken Zwischenlagen von Schiefern. Sie tritt gegen die untere, massige Steilwand ein wenig zurück, derart, dass eine fast continuirliche flache Terrasse von allerdings geringer Breite (1 ½ bis 3 *m*) den oberen Rand der letzteren wie ein Gesimse umzieht.

Die Cephalopodenfauna des ganzen Schichtcomplexes ist gleichwohl eine einheitliche und erscheint eine weitere Gliederung derselben vom paläontologischen Standpunkte aus nicht durchführbar. Allerdings sind manche Formen in den tieferen, andere in den höheren Bänken häufiger. So herrschen die Meekocernten in der unteren, die Ptychiten in der oberen Abtheilung vor, während eine unmittelbar über der erwähnten Terrasse eingeschaltete Schieferlage das Hauptlager des *Ceratites Thuilleri* Oppel — neben *Meekoceras (Beyrichites) Khanikofi, Buddhaites Rama* und *Ptychites rugifer* eines der wichtigsten Leitfossile dieses Horizontes — enthält. Die höchsten Lagen der Hauptmasse des Muschelkalkes sind zum Theile ganz erfüllt mit den grossen Steinkernen des *Ptychites rugifer* und seiner Verwandten, die jedoch vereinzelt auch schon in tieferen Bänken auftreten.

Das Heraustreten der unteren Steilstufe des Muschelkalkes ist im Shalshal Cliff allenthalben scharf markirt. Die höheren Partien der Hauptmasse des Muschelkalkes bilden Hänge von geringerer Neigung, wenn auch ab und zu noch durch senkrechte Abstürze unterbrochen. In demselben Gehänge folgt unmittelbar über den Ptychiten-Bänken eine nur 2 bis 3 *m* mächtige Lage von wohlgeschichteten Kalken, die lithologisch den Ptychiten-Bänken des Muschelkalkes noch sehr nahe stehen, sich jedoch durch etwas dunklere Färbung und einen grossen Reichthum an Crinoidenstielgliedern von diesen unterscheiden. Den Abschluss dieser Schichtgruppe bildet eine Platte von gelbgrauem Kalkstein, der fast ausschliesslich aus den Schalenbruchstücken von *Halobia* sp. besteht.

Bei meiner Begehung des Shalshal Cliff-Profils habe ich diese Crinoidenkalke mit der erwähnten Halobienbank noch als ein Glied der Muschelkalkstufe betrachtet, da sie scheinbar vollkommen concordant über den Ptychiten-Bänken liegen und mit denselben in einem engen stratigraphischen Verband stehen. Die Untersuchung der von mir gesammelten Cephalopoden durch Herrn Oberbergrath E. v. Mojsisovics hat jedoch ergeben, dass ihre Fauna mit jener des Muschelkalkes keineswegs übereinstimmt. Wie ich einer freundlichen Mittheilung des genannten Herrn entnehme, hat diese Schichtgruppe die nachfolgenden Ammoniten geliefert:

Joannites cf. *cymbiformis* Wulf.   *Arpadites rimkincusis* v. Mojs.
Trachyceras cf. *austriacum* v. Mojs.   *Entomoceras* n. f. aff. *E. Plinii* v. Mojs.

Es erscheint sonach wohl gerechtfertigt, die über den Ptychiten-Bänken des Muschelkalkes folgende Schichtgruppe mit *Joannites* cfr. *cymbiformis* als eine der *Aonoides*-Zone der Hallstätter Kalke, beziehungsweise den Raibler-Schichten und ihren nordalpinen Äquivalenten gleichwertige Bildung zu betrachten.

Über der Halobien-Bank des Aonoides-Horizonts liegt im Profil des Shalshal Cliff eine 200—250 *m* mächtige Schichtserie, die aus einem Wechsel von gut geschichteten Kalken und Schiefern besteht. Die Kalksteine sind meist grau oder schwarzgrau, gelblich anwitternd, bald dicht und splittrig, bald von mehr schiefriger Beschaffenheit, manchmal stark dolomitisch. Nicht selten sind sie als Bänderkalke ähnlich jenen in den Buchensteiner-Schichten von Südtirol ausgebildet. In den Kalken sowohl als in den zwischengelagerten Schiefern finden sich Daonellen und Halobien. Sie sind meist auf bestimmte Bänke beschränkt, in denen sie dann heerdenweise vorkommen, während die übrigen Schichten dieses Complexes, für den ich die von Griesbach vorgeschlagene Bezeichnung »Daonella-Beds« beibehalte, durch eine trostlose Armuth an Fossilien charakterisirt sind. In den Kalken sind Cephalopoden sehr selten. In den Schiefern begegnet man Spuren derselben häufiger; doch ist das Gesteinsmaterial der Erhaltung der Fossilien so ungünstig, dass die meisten Exemplare bis zur Unkenntlichkeit zerdrückt und verzerrt, dazu noch in der Regel in Brauneisenstein umgewandelt sind. Aus den Daonella Beds des Shalshal Cliff habe ich nur zwei besser erhaltene Ammoniten gewonnen, die, wie mir Herr Oberbergrath E. v. Mojsisovics mittheilt, der Gattung *Jovites* v. Mojs. angehören.

Den Abschluss der Daonella Beds bildet gegen oben zu eine in senkrechter Wandstufe abbrechende, 15 bis 20 m mächtige Bank von massigen, grauen, rostbraun verwitternden Knollenkalken mit Zwischenlagen von Sandstein (Haueriles Beds des Bambanag Profils, Nr. 6 im Profil des Shalshal Cliff, Fig. 2).

Darüber folgen, einem flacheren Absatz des Gehänges entsprechend, schwarze, dünnplattige Schiefer mit Einlagerungen eines grauen oder röthlich grauen Kalksteines, der Bruchstücke von Ammoniten der Gattung *Halorites* v. Mojs. enthält. Aus diesen »Halorites Beds«, die in den Bambanag Cliffs (Girthi-Thal) bei vollkommen gleicher lithologischer Ausbildung durch einen ausserordentlichen Reichthum an vorzüglich erhaltenen Fossilien ausgezeichnet sind, stammen die im Jahre 1870 von Griesbach in der südöstlichen Fortsetzung des hier beschriebenen Profils entdeckten, obertriadischen Cephalopoden. In den Bambanag Cliffs sind die Ammoniten dieses Horizonts auf eine einzige Kalkbank beschränkt, die sich nur wenige Meter über der hohen, den Abschluss der Daonella Beds bezeichnenden Wandstufe aus den Knollenkalken Nr. 6 (Haueriles Beds) befindet. Auch in dem von mir begangenen Theile des Shalshal Cliff habe ich die spärlichen Fragmente von *Halorites* nur in dem unmittelbaren Hangenden jener Knollenkalk-Stufe angetroffen. Die im gleichen Gehänge folgenden, lithologisch ähnlich ausgebildeten Kalksteinbänke mit ihren dünnen Zwischenlagen von splittrigen, schwarzen Schiefern haben sich in einer Mächtigkeit von 30 bis 50 m als vollständig fossilleer erwiesen.

Die zwischen den grauen Kalken mit *Halorites* und der Basis der obertriadischen Hochgebirgskalke eingeschlossenen Trinsbildungen von cca. 150 m Mächtigkeit zerfallen in zwei, ihrer lithologischen Beschaffenheit nach und — wie aus den Verhältnissen im Bambanag-Profil hervorgeht — auch in Bezug auf ihre Fossilführung verschiedene Abschnitte.

Die untere dieser beiden Abtheilungen ist vorwiegend dolomitisch ausgebildet mit Zwischenlagen von kieseligen Schiefern und Kalksteinen. Sie bildet in unserem Profil ein auf beträchtliche Strecken anhaltendes steiles Escarpment (Nr. 8 in Fig. 2). Von Versteinerungen sind mir nur wenige, schlecht erhaltene Brachiopoden bekannt geworden. Die obere Abtheilung dagegen besteht in einer Mächtigkeit von cca. 50 m aus gut geschichteten leberbraunen Kalksteinen mit zahlreichen aber meist stark verquetschten Steinkernen von Bivalven. Die oberflächliche Ähnlichkeit der letzteren mit *Corbis Mellingi* Hauer und verwandten Formen, sowie eine annähernd gleichartige Gesteinsfacies veranlassten Griesbach, in seinem ersten Berichte über das Profil des Shalshal Cliff diesen Horizont mit den Raibler Schichten der Südalpen zu parallelisiren, eine Ansicht, die indessen später von ihrem Urheber selbst als unhaltbar zurückgezogen wurde.

Die Grenze dieses Horizonts (Sagenites Beds im Bambanag-Profil) gegen die überlagernden obertriadischen Hochgebirgskalke ist zumeist durch Schuttanhäufungen verdeckt. Die Hochgebirgskalke selbst, deren untere, gegen 200 m hohe Steilstufe einer Erklimmung bedeutende Schwierigkeiten entgegenstellen würde, habe ich in dem hier geschilderten Profile nicht begangen. Die höheren, aus geschichteten Kalken von der Beschaffenheit der alpinen Dachsteinkalke bestehenden Partien derselben habe ich in dem westlichen Theile des Shalshal Cliff in der Umgebung von Barahoti E. G. verquert, kann jedoch den trefflichen Darstellungen von Griesbach in dieser Beziehung nichts Neues hinzufügen.

Das hier beschriebene Profil der Gehänge des Shalshal Cliff gegenüber Rimkin Paiar E. G. erstreckt sich vom Zusammenflusse der Bäche von Chorhoti und Barahoti 1 bis $1^1/_4$ km gegen SO. An dieser Stelle setzt ein Querbruch durch das Cliff. Der südöstliche Flügel ist der abgesunkene. Productus Shales, untere

Trias und Muschelkalk schneiden an den obertriadischen Daonella Beds des letzteren unvermittelt ab. Von dieser Stelle abwärts liegen alle tieferen triadischen Schichtglieder unter dem Niveau der Thalsohle, die nun auf eine Strecke von über 2 *km* ausschliesslich in die Kalke und Schiefer der Daonella Beds eingesenkt ist. Querstörungen ähnlicher Art von untergeordneter Bedeutung habe ich auch in dem Gebiete des oben beschriebenen Profils häufig angetroffen. Sie zeichnen sich insbesondere in der compacten Muschelkalk-Stufe deutlich ab, wo der Verwurf an einzelnen Verwerfungen einen Betrag von 20 *m* erreicht.

Erst unweit der Einmündung des Abflusses von Chotahoti in den Chorhoti-Bach ist der Einschnitt der Thalsohle tief genug, um wieder Bildungen vom Alter des Muschelkalkes und der unteren Trias zu entblössen. Auf der Strecke zwischen dem Chotahoti-Bach und dem Abflusse von Shalshal E. G. durchsetzen abermals zwei Querbrüche das Gehänge. Sie combiniren sich in diesem Gebirgsstück mit zwei im Schichtstreichen verlaufenden Störungen. Der Muschelkalk und die untere Trias erscheinen in Folge dessen doppelt. Über der zweiten, oberen Muschelkalk-Scholle liegen die Daonella Beds und über diesen folgen unvermittelt, in viel geringerer Höhe als in den benachbarten Theilen des Gehänges, steil nach O einfallend die obertriadischen Hochgebirkskalke.

Noch am rechten Ufer des Shalshal-Baches treten wieder normale Verhältnisse ein. An der Stelle des Zusammenflusses mit dem Chorhoti-Bach erscheint der weisse carbonische Quarzit im Liegenden der Productus Shales aufgeschlossen. Der Chorhoti-Bach hat hier eine 50 bis 60 *m* tiefe, von senkrechten Wänden umrahmte Klamm in den harten Quarzit eingeschnitten. Von oben herabgestürzte Blöcke wölben sich in einer Art natürlicher Brücke über die enge Klamm und ermöglichen es, wenn auch nicht ohne Schwierigkeit auf das jenseitige Gehänge zu gelangen. Hier treffen wir auf das von Griesbach im Jahre 1879 zum grossen Theil bankweise aufgenommene Profil. Ein Vergleich mit dem oben beschriebenen Profil gegenüber Rimkin Paiar auf Grund der Darstellungen von Griesbach[1] und meiner Bearbeitung der von ihm gesammelten Fossilien lässt die Übereinstimmung in der Schichtfolge klar hervortreten.

Bed 2 (in Griesbach's Profil), das Hauptlager des *Otoceras Woodwardi* und seiner Verwandten, liegt hier unmittelbar über den Productus Shales. Es bildet eine 13 *cm* mächtige Bank von hartem, schwarzgrauen Kalkstein und enthält die nachstehenden Cephalopodenarten:

Nautilus brahmanicus Griesb.
Otoceras Woodwardi Griesb.
   » *fissisellatum* n. sp.
   » *Clivei* n. sp.
   » *undatum* Griesb.
   » *Draupadi* n. sp.
Ophiceras tibeticum Griesb.

Ophiceras medium Griesb.
   » *Sakuntala* n. sp.
   » *demissum* Oppel
   » *gibbosum* Griesb.
   » *platyspira* n. sp.
Danubites himalayanus Griesb.

Ophiceras Sakuntala und *O. gibbosum* kommen noch in Bed 4 und 6, *Otoceras* sp. ind. noch in Bed 9 2·3 *m* über dem *Otoceras*-Hauptlager vor. Aus Bed 20—47 *m* über dem *Otoceras*-Hauptlager finden sich in Griesbach's Aufsammlungen noch einige specifisch nicht bestimmbare Bruchstücke von *Ophiceras* sp. Aber noch in Bed 70 — 8³/₄ *m* über dem *Otoceras*-Hauptlager kommen, wie Griesbach mittheilt, und wie ich auf Grund der Bearbeitung der von ihm gesammelten Cephalopoden bestätigen kann, sicher bestimmbare Exemplare von *Ophiceras tibeticum* vor.

Die darüber folgenden Kalke und Schiefer sind ebenso wie jene zwischen Bed 20 und 70 versteinerungsleer. In Bed 80—9·85 *m* über dem *Otoceras*-Hauptlager — fand Griesbach ein schlecht erhaltenes Windungsbruchstück eines Ammoniten, der von ihm mit *Ceratites Welsoni* Oppel verglichen wurde, aber wahrscheinlich mit *Meekoceras fulguratum* Waagen identisch ist. Aus Bed 80 — 1 *m* über dem vorigen stammt ferner ein von Griesbach mit *Meekoceras planulatum* identificirter Ammonit. *Lecanites Sisupala*

---

[1] Records Geol. Survey of India, vol. XIII, 1880, p. 83—93, und Geology of the Central Himalayas. Mem. Geol. Survey of India, vol. XXIII, p. 142 ff.

n. sp. (aus der Gruppe des *Lecanites psilogyrus* Waagen). Beide Stücke bestehen aus einem hellgrauen Kalkstein, durchaus gleichartig mit jenem der Subrobustus-Schichten in dem Profil gegenüber Rimkin Paiar. Aus den Schiefern und Kalken im Hangenden von Bed 89 liegen keine Versteinerungen vor. Die gesammte Mächtigkeit der unteren Trias beträgt in Griesbach's Profil 18·5 m. Die Grenze zwischen den Otoceras- und Subrobustus Beds ist in die Serie der versteinerungsleeren Kalke und Schiefer zwischen Bed 70 und 80 zu verlegen. Das letztere darf mit Bestimmtheit als bereits den Subrobustus-Schichten zufallend angesehen werden.

Der Horizont des *Sibirites Prahlada* und die darüber folgende Hauptmasse des Muschelkalkes sind in beiden Profilen durch vollkommen gleichartige Bildungen repräsentirt. Die kaum 1 m mächtigen grauen schiefrigen und erdigen Kalksteine des ersteren Horizonts enthalten zahlreiche Brachiopoden, darunter die von Griesbach unter dem Namen *Rhynchonella semiplecta* var. angeführte Art, von der in dem Schlusscapitel dieses Abschnittes noch ausführlicher die Rede sein wird.

Aus der 15 1/2 m mächtigen Hauptmasse des Muschelkalkes stammen:

Ceratites Voiti Oppel | *Buddhaites* n. gen. *Rama* n. sp.
» *Ravana* n. sp. | *Ptychites rugifer* Oppel

Eine Vertretung der Crinoidenkalke mit den Cephalopoden der *Aonoides*-Zone ist in Griesbach's Profil nicht angedeutet.

Die Schichten von Bed 123 bis 130 (incl.) entsprechen den *Daonella* Beds im Profil des Shalshal Cliff gegenüber Rimkin Paiar. Ihre Mächtigkeit beträgt 198 m. In der 85 m mächtigen Schichtgruppe Bed 131 bis 134 sind wohl die Kalkstufe im Hangenden der *Daonella* Beds (graue, bräunlich verwitternde Kalksteine mit schiefrigen und mergeligen Zwischenlagen) und der *Halorites*-Horizont des von mir begangenen Profils zusammengefasst. Unter den von Griesbach entdeckten Ammoniten des *Halorites*-Horizonts bestimmte Oberbergrath v. Mojsisovics die beiden folgenden Arten:

Parajuvavites (n. gen.) *Feistmanteli* Griesb. | *Tibetites* (n. gen.) *Kelvini* v. Mojs.

Beds 135 bis 142 (incl.) entsprechen der unteren, Beds 143 und 144 der oberen Abtheilung des zwischen dem *Halorites*-Horizont und den Hochgebirgskalken eingeschlossenen obertriadischen Schichtcomplexes. Die Mächtigkeit der ersteren beträgt in Griesbach's Profil 100 m, jene der letzteren 55 m.

Über den leberbraunen Kalksteinen, deren Fossilien Griesbach mit solchen aus den Raibler Schichten der Ostalpen verglich (Bed 144), folgen concordant und ohne scharfe Grenze die obertriadischen Hochgebirgskalke.

Ihre untere Abtheilung besteht im Shalshal Cliff aus grauen und röthlichen Dolomiten von über 200 m Mächtigkeit. Dieselben werden von geschichteten Dolomiten und Kalksteinen überlagert, die Lagen von Crinoiden- und Lithodendronkalken enthalten. Ihre Mächtigkeit beträgt in Griesbach's Profil (l. c., p. 140, Beds 2—12) 344 m. Die hangenden Kalksteinbänke (Beds 13—21) mit einer Mächtigkeit von 57 m sind durch das Vorkommen zahlreicher Durchschnitte von Megalodonten und (?) Dicerocardien auf den angewitterten Schichtflächen charakterisirt. Diese ganze Kalkmasse stellt, wie Griesbach mit vollem Rechte betont, eine dem Hauptdolomit und Dachsteinkalk der Ostalpen gleichartige Facies dar. Zwischen den *Megalodus*-Kalken, die jedenfalls noch als triadisch angesehen werden dürfen und den von Griesbach als Passage Beds bezeichneten Schichten (Bed 85), die nach den Mittheilungen der Herrn V. Uhlig und F. E. Suess bereits eine Fauna des Dogger enthalten, befindet sich eine durch Einschaltung von Crinoiden- und Lithodendron-Kalken ausgezeichnete Schichtgruppe, deren faunistische und stratigraphische Beziehungen an anderer Stelle ausführlicher erörtert werden sollen.

Vorläufig mag es genügen, in Übereinstimmung mit Griesbach als das wichtigste Ergebniss dieser Darstellung die Thatsache zu fixiren, dass im Shalshal Cliff die Triasbildungen mit einer ca. 600 m mächtigen Schichtgruppe von Dolomiten und Kalksteinen abschliessen, die bezüglich ihrer lithologischen Beschaffenheit und ihrer stratigraphischen Stellung nach sich als ein Äquivalent des Dachsteinkalkes der Ostalpen erweisen. Dagegen kann man über die Frage, ob diese dem alpinen Dachsteinkalk wahrscheinlich wenn auch vielleicht nicht in seiner Gänze gleichwerthige Schichtgruppe ausschliesslich die rhätische Stufe vertritt, wie Griesbach annimmt, allerdings verschiedener Meinung sein. Typische Bildungen der rhätischen Stufe in der Facies der Kössener Schichten kennt man im Himalaya nicht. Da es aber andererseits sehr wohl möglich erscheint, dass hier wie in den Ostalpen nicht nur die rhätische Stufe, sondern auch noch tiefere obertriadische Horizonte in der Facies des Dachsteinkalkes ausgebildet sind, halte ich die Anwendung einer neutralen Bezeichnung für zweckmässiger.

Die Aufschlüsse der triadischen Bildungen über den weissen Quarziten der Carbonformation und den Productus Shales setzen auch auf das rechte Ufer des Chorhoti-Flusses gegenüber der Einmündung des Shalshal-Baches fort. An der Zusammensetzung des rechtsseitigen Thalgehänges nehmen nicht nur untere Trias und Muschelkalk, sondern auch noch die Daonella-Beds Theil. Der Puinkhánda-Bruch folgt hier nicht der Thalsohle, sondern schneidet erst einen Kilometer weiter westlich die triadischen Schichten gegen das ältere Gebirge der Kurgúthidar-Kette ab.

Die Schichtfolge ist an dieser Stelle, die wir Anfangs September von einem Bivouakplatz im Kurgúthidar-Thale (NO. des Kurgúthidar Nr. II) aus besuchten, die gleiche wie gegenüber Rimkin Paiar E. G. Die gut aufgeschlossenen Otoceras Beds lieferten zahlreiche Exemplare der charakteristischen Arten von *Ophiceras;* insbesondere *O. Sakuntala* und *O. tibeticum.* Das Versteinerungsmaterial der Subrobustus-Schichten ist, wie fast allenthalben in Painkhánda auch hier dürftig und durchwegs schlecht erhalten. Reich an Brachiopoden ist wieder der Horizont des *Sibirites Prahlada,* dessen schiefrige, erdige Kalksteine sich durch ihre gelbbraune Färbung sowohl von den tieferen hellgrauen Kalkbänken, als auch von der hangenden Muschelkalk-Hauptmasse gut abheben. In der letzteren sammelte ich an Cephalopoden:

Ceratites Thuilleri Oppel | *Buddhaites Rama* n. sp.
Cyrtunites Vasantasena n. sp.

B. Silakank und Niti-Pass.

Der eingehenden, sorgfältigen Darstellung von Griesbach über die Triasbildungen des Silakank (18.040 e. F. und 19.265 e. F.) und in der Umgebung des Niti-Passes (16.628 e. F.) habe ich nur wenig hinzuzufügen.

Nördlich von Rimkin treten, wie Griesbach (l. c., p. 133) gezeigt hat, an dem Ostabhange des Marchauk-Passes unter den obertriadischen Hochgebirgskalken noch tiefere Triasglieder hervor. In der gegen Barahoti sich absenkenden Schlucht beobachtete Griesbach das nachstehende Profil:

5. Braune Knollenkalke von grosser Mächtigkeit.
4. Graue dickbankige Kalke (mit *Monotis* (?) Griesb.).
3. Dunkelgraue Kalksteinbänke mit kleinen Bivalven.
2. Schwarze, schmutzig weiss anwitternde Kalke, wechsellagernd mit schwarzen Schiefern, einige 100 Fuss mächtig mit Brachiopoden und Spuren von Ammoniten.
1. Dickbankige Lagen von sehr zähen, harten, dunkelgrauen Kalksteinen mit vielen Kalkspathadern und zahlreichen Cephalopoden, die sich aber aus der zähen Gesteinsmasse kaum losarbeiten lassen.

Nr. 1 ist seiner Fossilführung nach entschieden ein Äquivalent des Muschelkalkes. Griesbach's Aufsammlungen zufolge stammen einige Stücke von *Ceratites Hidimba* n. sp. und *Buddhaites Rama* n. sp. aus dieser Schichtgruppe. Ebenso darf mit Sicherheit angenommen werden, dass Nr. 2 die Daonella-Beds repräsentirt. Die Angaben über die übrigen Abtheilungen sind zu dürftig, um eine Parallelisirung mit den obertriadischen Schichtgliedern des Shalshal Cliff-Profils zu gestatten.

Der Ostabhang des Silakank-Passes (cca. 17.800 e. F.), den unsere Expedition am 5. September überschritt, besteht ausschliesslich aus südostwärts fallenden Schichten der obertriadischen Hochgebirgskalke. Die hangenden Bänke am Fusse der Kette sind weniger massig als die tieferen Lagen, die an der Passhöhe anstehen. Die letzteren zeigen zahlreiche Durchschnitte von *Lithodendron*-Stöcken, die ersteren solche von Megalodonten.

Der westliche Abhang der Silakank-Kette bietet von der Mündung des Silakank-Baches in die Dhauli Ganga gegenüber Patalpani aufwärts bis zu den beiden mit 18.040 e. F. und 19.205 e. F. cötirten Gipfeln ein vollständiges Profil durch die paläozoischen und triadischen Schichten vom krystallinischen Grundgebirge bis zur unteren Doggergrenze. In Griesbach's Memoir findet sich auf Pl. VI eine Ansicht dieses an Grossartigkeit vielleicht nirgends auf der Erde übertroffenen Profils, von Gwelding E. G. aus aufgenommen. Die auf Taf. III dargestellte Aufnahme ist von Petalthäli E. G. im Thale des Silakank-Baches, einem dem Silakank-Pass ungefähr 3 km näher gelegenen Punkte aus, gezeichnet. Der Painkhánda-Bruch, dessen Verlauf in Griesbach's Profil so deutlich hervortritt, indem er das Carbon des südlichen Gebirgstheiles mit den gesammten älteren Gliedern der paläozoischen Schichtserie in Contact bringt, fällt bereits ausserhalb des Gebietes dieser Aufnahme. Als einzige Störung erscheint in diesem sonst normalen Profil ein im Gebirgsstreichen verlaufender, mit SW gerichteter Überschiebung des Hangendflügels verbundener Längsbruch, der ein zweimaliges Auftreten der carbonischen Quarzite und der Productus Shales im gleichen Gehänge übereinander zur Folge hat.

Die schwarzen, aus der Entfernung gesehen den Ausbissen von Kohlenflötzen nicht unähnlichen Productus Shales und die stratigraphisch mit denselben eng verknüpften Gesteine der unteren Trias erscheinen an den Gehängen der rechten Thalseite des Silakank-Baches an mehreren Stellen gut aufgeschlossen, doch war uns ein Besuch dieser Aufschlüsse bei der grossen Entfernung derselben von der Route über den ziemlich beschwerlichen Silakank-Pass nicht möglich. Die Route selbst führt von der Passhöhe bis Silakank E. G., das bereits auf der Stufe der carbonischen Crinoidenkalke liegt, an der linken Seite des in tiefer Schlucht dahin tosenden Baches entlang. Aufschlüsse der Productus Shales und der unteren Trias mangeln hier vollständig. Aus dem Gürtel ausgedehnter Schutthalden, die von dem Fusse der obertriadischen Hochgebirgskalk-Wände abwärts ziehen, ragen nur die Reste der am rechten Thalgehänge deutlich sichtbaren Steilstufe des Muschelkalkes hervor. Griesbach sammelte in den hellgrauen, harten Knollenkalken dieser Stufe *Buddhaites Rama* n. sp., *Ptychites cochleatus* Oppel und *Spiriferina Spitiensis* Stol. Über der Muschelkalk-Stufe sieht man an der rechten Thalseite noch eine Partie der durch die regelmässige Wechsellagerung dunkler Schiefer mit hellgrau verwitternden Kalksteinbänken charakterisirten Daonella-Beds anstehen. Entlang der Route zum Passhöhe folgt eine ununterbrochene Schutthalde bis zum Fusse der steil gebüschten obertriadischen Hochgebirgskalke, an deren Basis noch einige Bänke leberbrauner oder rothbrauner Kalksteine mit Bivalven-Durchschnitten unterschieden werden können. Sie entsprechen wohl der im Profile des Shalshal Cliff im unmittelbaren Liegenden der unteren Dolomitstufe des Hochgebirgskalkes auftretenden obertriadischen Schichtgruppe.

Auch in der Umgebung des Niti-Passes liegen die zwischen dem Muschelkalk und den obertriadischen Hochgebirgskalken eingeschalteten Bildungen der oberen Trias fast allenthalben unter ausgedehnten Trümmerhalden begraben, die den wasserscheidenden Kamm beiläufig bis zur halben Höhe desselben über dem Thalboden bekleiden. Scherben aus der Schichtgruppe der Daonella Beds mit schlecht erhaltenen Abdrücken von Halobien oder Daonellen sind das einzige, was man aus dieser Abtheilung der Trias auf dem Wege zum Niti-Passe antrifft. Dagegen ist das von Griesbach beschriebene Profil von Kiunghing am Fusse des Niti-Passes für die Kenntniss der tieferen Triasbildungen des Central-Himalaya von Interesse.

Das Profil von Kiunglung ist durch einige Längsbrüche, die eine mehrmalige Wiederholung der einzelnen Schichtglieder von den Productus Shales bis zum Muschelkalk veranlassen, gestört. Die Schichten stehen im Allgemeinen sehr steil, an einigen Stellen sogar auf dem Kopfe. Die besten Aufschlüsse finden sich an der Südseite des letzten, oberhalb Kiunglung E. G. gegen NW aufwärts ziehenden Grabens, etwa 2 bis 2¹/₂ km von diesem Weideplatze (14.708 e. F.) entfernt.

Der Muschelkalk ist hier in der Facies sehr zäher, grauer Knollenkalke und dunkler oder gelbgrauer Kalke mit zahlreichen Kalkspathadern entwickelt. Ich sammelte in den Knollenkalken ein Exemplar eines dem *Ceratites Hidimba* verwandten Ceratiten.

Der Subrobustus-Horizont des Shalshal Cliff ist ebenfalls durch Knollenkalke und schiefrige, gelbgraue Kalke und Dolomite vertreten. Die durchaus nicht seltenen Fossilien sind fast ausnahmslos zerbrochen und bis zur Unkenntlichkeit deformirt. Unter den von mir gesammelten, besser erhaltenen Exemplaren befinden sich zahlreiche Wohnkammerbruchstücke von zwei wahrscheinlich zur Gattung *Flemingites* Waagen zu stellenden Ammonitenarten, ferner:

Pleuronautilus sp. ind. | *Proptychites* aff. *obliqueplicato* Waagen
Danubites cf. *nivalis* n. sp. |

Die Brachiopodenbänke des unteren Muschelkalkes mit *Sibirites Prahlada* habe ich in diesem Profil vergebens gesucht. Der Configuration des Terrains nach fallen sie gerade an der Stelle, wo sich die besten Aufschlüsse befinden, mit dem schutterfüllten Einriss des Hauptgrabens zusammen und sind in Folge dessen bei ihrer geringen Mächtigkeit nicht sichtbar.

Fig. 4.

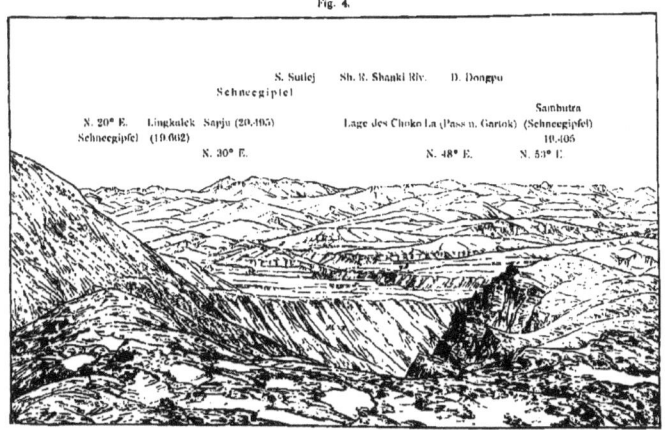

Blick auf die Hochebene von Hundés vom Niti-Pass (16.026).

Die Otoceras Beds bestehen wie im Shalshal Cliff aus harten, schwarzgrauen, rostfarben anwitternden Kalkbänken und mürben, schwarzgrauen oder schwarzen Schiefern, die ganz allmälig in die lichter gefärbten Kalke und Schiefer der Subrobustus Beds übergehen. Das Hauptlager der Fossilien befindet sich auch hier in geringer Höhe über den Productus Shales, doch begegnet man den leitenden Formen aus der Gattung *Ophiceras* Griesb. auch noch in den hangenden Bänken des Hauptlagers bis zu 3 *m* über dem letzteren in viel grösserer Individuenzahl als im Profil des Shalshal Cliff. In meinen Aufsammlungen aus den Kalken und Schiefern der Otoceras Beds von Kiungtung sind die nachstehenden Cephaloden-Arten vertreten:

Nautilus brahmanicus Griesb. | *Ophiceras demissum* Oppel
Proptychites Markhami n. sp. | » *serpentinum* n. sp.
Ophiceras libeticum Griesb. | » *Chamunda* n. sp.

Griesbach sammelte an der gleichen Localität bei seinem zweimaligen Besuche derselben in den Jahren 1879 und 1882 die folgenden Cephalopoden-Arten:

Nautilus brahmanicus Griesb.
Proptychites Markhami n. sp.
 » sp. ind.
Otoceras Woodwardi Griesb.
 » Parbati n. sp.
Prionolobus (?) sp. ind.
Ophiceras tibeticum Griesb.
 » medium Griesb.

Ophiceras Sakuntala n. sp.
 » demissum Oppel
 » serpentinum n. sp.
 » platyspira n. sp.
 » Chamunda n. sp.
Prosphingites Nala n. sp.
 » Kama n. sp.

Auffallend ist die grosse Seltenheit von *Otoceras*. Noch mehr als bei Rimkin Paiar dominirt in den Otoceras Beds von Kiunglung die Gattung *Ophiceras*. Aber auch in der Vertheilung der dieser Gattung zugehörigen Arten machen sich an beiden Localitäten einige Verschiedenheiten geltend. *Ophiceras serpentinum*, die häufigste Form bei Kiunglung, ist in den Otoceras Beds des Shalshal Cliff sehr selten, während von dem bei Rimkin Paiar in so grosser Individuenzahl vorkommenden *Ophiceras Sakuntala* bei Kiunglung nur wenige Exemplare gefunden wurden.[1]

Die mit den Otoceras Beds stratigraphisch eng verbundenen Productus Shales erreichen nur eine Mächtigkeit von cca. 15 m. Sie liegen auf dem weissen Quarzit der Carbonformation, der oberhalb Kiunglung E. G. einen aus dem Gehänge hervortretenden Sporn bildet. Die grelle, mit dem dunklen Colorit der unmittelbar darüber folgenden permischen und untertriadischen Schiefer und Kalke auf das Schärfste contrastirende Färbung macht diesen Quarzitzug zu einem der auffallendsten Elemente in dem landschaftlichen Bilde der Südabhänge des Niti-Passes. Die stratigraphischen Beziehungen der Productus Shales zu dem carbonischen Quarzit sind von Griesbach (l. c., p. 121) in durchaus zutreffender Weise geschildert worden. Aus den Sandsteineinlagerungen in den Productus Shales stammen zahlreiche, von Griesbach mit *Productus latirostratus* Howse verglichene Exemplare von *Productus Abichi* Waagen und andere Brachiopodenarten. Die Fauna dieser Schichtgruppe wird in dem letzten Abschnitte dieser Arbeit einer besonderen Besprechung unterzogen werden.

C. Das Bambanag-Profil.

Die Triasbildungen des Shalshal Cliff setzen sich in SSO-Richtung über den Durchbruch des Kiogadh River hinaus fort und erheben sich jenseits desselben in den Bambanag-Spitzen zu einer 18.000 bis 19.000 e. F. hohen Gebirgskette, die dem Girthi-Thale im Süden ihren schroffen Abfall zukehrt, während sie gegen Norden eine Reihe von diagonal zu das Schichtstreichen verlaufenden Seitenkämmen vorschickt. Der tiefe Cañon des Kiogadh River ist eine Erosionsrinne. Die beiden Thalgehänge entsprechen einander vollkommen. Bambanag-Kette und Shalshal Cliff bilden, wie bereits Griesbach hervorhob, in tektonischer Beziehung ein zusammengehöriges Ganzes.

Der Nordabhang der Bambanag-Kette besteht ausschliesslich aus obertriadischen Hochgebirgskalken, die in mehrere grosse und zahlreiche untergeordnete Falten gelegt und von streichenden Brüchen durchsetzt sind. Auf Fig. 5, die eine Ansicht der Bambanag-Kette von Norden aus darstellt, ist eine grosse Antiklinale deutlich erkennbar, deren westlicher Schenkel an den entgegengesetzt fallenden Schichten des Hauptkammes scharf abschneidet.

Dem Absturz des Shalshal Cliff gegen den Chorhoti-Bach entspricht jener der Bambanag-Kette zum Girthi-Thal. Griesbach hat auf Pl. X seines Memoir ein Idealprofil dieser Gehänge von der gegenüber liegenden Thalseite aus gegeben, ohne jedoch die Bambanag Cliffs selbst begangen zu haben. Als wir am Beginne unserer Expedition in Folge des Widerstandes der tibetanischen Grenzwache den geplanten Besuch von Rimkin Paiar aufgeben mussten, schlug Griesbach eine Recognoscirung der Bambanag Cliffs

---

[1] In dieser Thatsache liegt ein schwerwiegender Einwand gegen die Ansicht von Johannes Walther (Einleitung in die Geologie als historische Wissenschaft, II. Th. Jena 1893/1894. Die Ammoniten als Leitfossilien, S. 508 ff.), dass man es in Cephalopoden führenden Ablagerungen vorwiegend mit verschleppten Gehäusen abgestorbener Thiere, die keineswegs an Ort und Stelle gelebt haben sollen, zu thun habe.

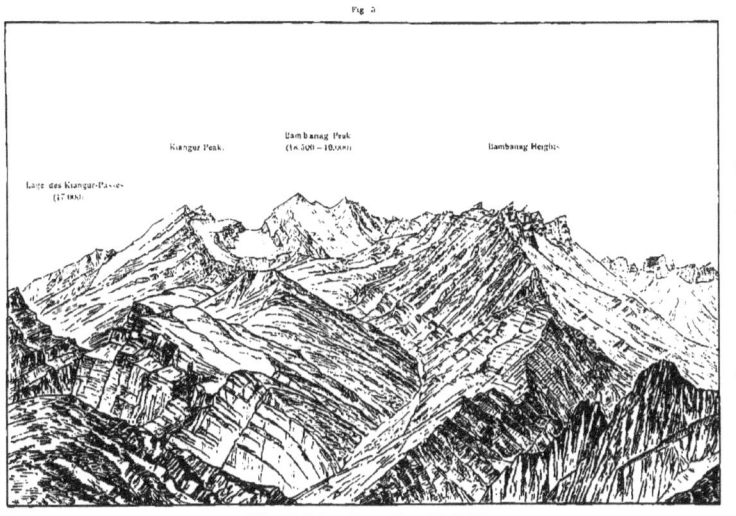

Blick auf die Bambanag-Kette von Chojan E. G (15.760.)

vor, da dieselben ebenso günstige Aufschlüsse der triadischen Schichtreihe als das Shalshal Cliff zu bieten versprachen. Die in dieser Hinsicht gehegten Erwartungen erwiesen sich als begründet. Vom 23. Juni bis zum 8. Juli campirten wir an den Gehängen der Bambanag Cliffs, vorwiegend mit dem Studium der obertriadischen Schichtglieder und der Ausbeutung ihres reichen Versteinerungsmaterials beschäftigt. Für eine Gliederung der oberen Trias des Central-Himalaya besitzt das Bambanag-Profil dieselbe Bedeutung wie das Shalshal Cliff für die untere Trias und den Muschelkalk. Eine eingehendere Beschreibung desselben erscheint daher umsomehr gerechtfertigt, als für dieses Profil noch keine sorgfältigen Vorarbeiten, wie für das Shalshal Cliff vorliegen.

Wir schlugen unser erstes Lager am Fusse der Bambanag Cliffs bei einem von den Tibetanern Martoli genannten Weideplatze auf, genau südwestlich von der höchsten Spitze des Bambanag Peak. Der letztere fällt in einer 600 bis 800 m hohen, aus obertriadischen Hochgebirgskalken bestehenden Steilwand zu einer breiten Schutthalde ab. Aus dieser treten zwei nach SW bis Martoli E. G. herabziehende Felsrippen hervor, die eine flache, oben kesselförmig erweiterte Runse umschliessen. Am Ausgange der erwähnten Runse gegen den Girthi-Bach, cca. 40 m über der Thalsohle, wählten wir eine kleine Terrasse zu unserem Lagerplatz. Ungefähr 400 Schritte westlich von diesem erscheint in der Schlucht des Girthi-Baches Muschelkalk mit SO—NW-Streichen und 40° NO-Fallen aufgeschlossen. Er ist nur durch den Flusslauf von einer ziemlich ausgedehnten Scholle am gegenüber liegenden Ufer getrennt, die von den Schichten der unteren Trias unterlagert wird. Die linksseitigen Gehänge des Girthi-Baches fallen den Schichtflächen gleichsinnig und sind von mehreren Staffelbrüchen durchsetzt. Das Grundgebirge bildet der weisse Quarzit der Carbonformation. Auf diesem liegen wie im Shalshal Cliff Productus Shales, untere Trias und Muschelkalk. Da die linksseitigen Thalgehänge auf weite Strecken aus anstehendem Fels bestehen und des Verwitterungsschuttes entbehren, kann man an zahlreichen Stellen das scharfe Abschneiden der jüngeren Schichtglieder an den älteren der nächst tieferen Staffel sehr schön beobachten. In den obersten Staffeln sind die Productus Shales das jüngste Schichtglied, in den tieferen tritt die untere Trias hinzu, in den beiden tiefsten endlich liegt auch noch ein Denudationsrest von Muschelkalk auf der unteren Trias. Das Schichtfallen ist entlang dem ganzen linksseitigen Thalgehänge des Girthi-Baches gegenüber Martoli E. G. diesem gleichsinnig aber etwas steiler, so dass in jeder einzelnen Staffel nach abwärts zu immer jüngere Schichten an die Oberfläche treten. Die Girthi-Schlucht selbst verläuft diagonal auf das Schichtstreichen.

Gerade unterhalb unseres Lagerplatzes fällt die Grenze zwischen dem Muschelkalk und den obertriadischen Bildungen beiläufig mit der Sohle des Girthi-Baches zusammen. Von hier bis zu dem ersten Aufschluss in der oberen Trias, unmittelbar neben unserem Lager ist das Gehänge mit Schutt bedeckt und keinerlei Entblössung anstehenden Gesteins vorhanden. Von da ab aufwärts ist die obere Trias in den beiden vorerwähnten, gegen NO zur Steilwand des Bambanag Peak ansteigenden Felsrippen in vortrefflicher Weise aufgeschlossen (vergl. Fig. 6). Man beobachtet hier das folgende Profil (in aufsteigender Ordnung):

1. Blauschwarze Schiefer, wechsellagernd mit dünngeschichteten gelbgrauen Kalken (5 a).

2. Gelbgraue, dünn geschichtete schiefrige Kalksteine mit Abdrücken von *Daonella* (?). Die einzelnen Bänke meist 15 bis 20 cm mächtig. Enthält nach einer freundlichen Mittheilung von Oberbergrath E. v. Mojsisovics *Sagenites* sp. ind. aus der Gruppe der *S. inermes* (5 b).

3. Gelbgraue und rostfarben verwitternde, dickbankige Kalksteine mit Saurierwirbeln (5 c). Sie bilden den ersten deutlich ausgeprägten Vorsprung in der westlichen Felsrippe.

4. Graue schiefrige Kalksteine mit vielen Kalkspathadern. Sie werden höher oben sehr splittrig und dickbankig und bilden eine zweite, steilere Stufe, die insbesondere in der östlichen Rippe in Folge der bläulichen Verwitterungsfarbe des Kalksteines auffällt (5 d).

5. Rostfarbene, dünn geschichtete Kalksteine, wechsellagernd mit blaugrauen und blauschwarzen Kalkschiefern (5 e).

6. Graue, rothbraun anwitternde Knollenkalke mit Sandstein-Einlagerungen, eine 20 bis 30 m hohe, steile Wandstufe bildend, nicht unähnlich jener des Muschelkalkes über den dünngeschichteten Kalken und Schiefern der unteren Trias.

Geologische Expedition in den Central-Himalaya.

Enthalten nach den Mittheilungen des Herrn Oberbergrathes E. v. Mojsisovics:

Haucrites sp. ind.
Pinacoceras aff. *Imperator* v. Mojs.
Arcestes sp. (aus der Gruppe der *Intuslabiati*)

7. Im unmittelbaren Hangenden der Knollenkalke mit *Pinacoceras* aff. *Imperator* vollzieht sich ein scharfer Wechsel der Facies. Zunächst folgen schwarze, splittrige, keilförmig brechende Schiefer mit zahlreichen Concretionen. In diesen Schiefern liegt etwa 3 *m* über den Knollenkalken (Nr. 6) eine 1—1½ *m* mächtige Bank von schwarzgrauen oder röthlich grauen Kalken mit zahlreichen Cephalopoden.

Fig. 6.

Profil an der Südwestflanke des Bambanag Peak.

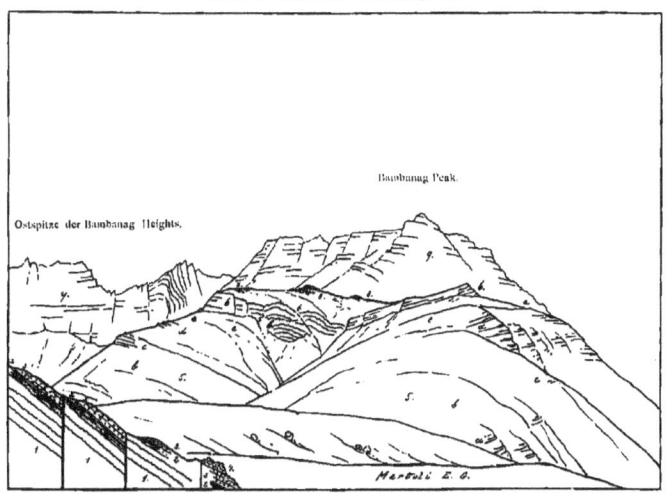

1. Obercarbonische Quarzite. 2. Productus Shales. 3. Unt. Trias (Buntsandstein). 4. Muschelkalk. 5. Daonella Beds. 6. Haucrites Beds. 7. Halorites Beds. 8. Schichten mit *Spiriferina Griesbachi*. 9. Obertriadische Hochgebirgskalke.

Herrn Oberbergrath E. v. Mojsisovics verdanke ich die nachfolgende Liste der wichtigsten in diesem Horizont des Bambanag-Profils vorkommenden Arten:

Halorites procyon n. sp.
 » *Sapphonis* n. sp.
 » *Phaonis* n. sp.
Parajuvavites (n. gen.) *Blanfordi* n. sp.
 » » *Feistmanteli* Griesb.
 » » *Jacquini* n. sp.
 » » *buddhaicus* n. sp.
Thetydites (n. gen.) *Huxleyi* n. sp.

Steinmannites undulatostriatus n. sp.
Clionites Woodwardi n. sp.
Tibetites (n. gen.) *Ryalli* n. sp.
 » » *angustosellatus* n. sp.
Saudlingites Archibaldi n. sp.
Bambanagites (n. gen.) *Dieneri* n. sp.
Placites (n. gen.) *Sakuntala* n. sp.
Arcestes Leonardii n. sp.

Es liegt hier derselbe obertriadische Cephalopodenhorizont vor, den Griesbach 1879 zuerst am Shalshal Cliff entdeckte und für den nach der am häufigsten darin auftretenden Tropitiden-Gattung der Name »Halorites Beds« als der passendste erscheinen dürfte.

Die obertriadischen Schichten im Liegenden dieses Horizonts entsprechen den Daonella Beds. Sie finden wie im Shalshal Cliff ihren Abschluss in jener mächtigen Stufe von Knollenkalken, für die man nach dem Vorkommen der sonst in der Himalaya-Trias nicht bekannten Gattung *Haucrites* den Namen »Hauerites Beds« in Vorschlag bringen könnte. Die Mächtigkeit der Daonella Beds und Hauerites Beds beträgt in unserem Profil zusammen mindestens 250 m. Wiederholungen der Schichtreihe innerhalb der Daonella Beds halte ich in diesem Profil nicht für wahrscheinlich, da keines der charakteristischen Schichtglieder in demselben mehrmals auftritt, während in den weiter gegen W folgenden Durchschnitten solche Wiederholungen allerdings an einzelnen Stellen constatirt werden konnten. Nur an einem Punkte des Gehänges gegen die zwischen beiden Felsrippen eingeschnittene Runse sieht man ein eingesunkenes Stück der Knollenkalke Nr. 6 (Hauerites Beds) unterhalb der grossen Stufe einen secundären Vorsprung bilden, wie dies aus dem Profil Fig. 6 ersichtlich ist.

Über der Cephalopoden führenden Kalkbank mit *Halorites* und den übrigen in der vorigen Liste aufgezählten Ammoniten folgen dieselben schwarzen, splittrigen Schiefer wie im Liegenden jener Bank, die streng genommen nur eine Einlagerung in jenen Schiefern darstellt. Auch weiterhin enthält der Schiefer ab und zu Einlagerungen von grauen dünnbankigen Kalksteinen, die aber keinerlei Versteinerungen geliefert haben.

8. Der nächste fossilführende Horizont (8 in Fig. 6) ist ein schiefriger Kalkstein, 35 bis 40 m über der Cephalopodenbank der Halorites Beds. Diese dickbankigen, häufig stark dolomitischen Kalksteine enthalten zahlreiche Brachiopoden, daneben auch eine geringe Anzahl von Lamellibranchiaten.

Herrn Dr. A. Bittner verdanke ich nachfolgende Mittheilungen über die Fauna dieser Schichtgruppe, die den Schichten mit *Spirifer Lilangensis* in Griesbach's Profil des Shalshal Cliff entspricht:[1]

»Unter den Brachiopoden ist die häufigste, auffallendste Art dieses Niveaus:

Spiriferina Griesbachi Bittn. n. sp., eine *Spiriferina*, die unter allen bisher bekannten Arten der Trias nur mit *Spiriferina Moscai* Bittn. von Balia in Kleinasien (Jahrb. k. k. geol. Reichs-Anst. 1892) verglichen werden kann. Sie ist ausgezeichnet durch den breiten und tiefen Sinus der grossen Klappe mit einer einzigen schwachen medianen Rippe darin, und durch einen entsprechend hohen und breiten, median leicht gefurchten Wulst der kleinen Klappe. Ihre Area ist höher, der Schnabel ist gestreckter und die Seitenrippen sind weit zahlreicher als bei *Spiriferina Moscai*.

Retzia ex aff. *R. Schwageri* Bittn., nahe verwandt dieser in der alpinen Trias sehr verbreiteten Art, aber mit zahlreicheren Rippen. Nicht selten.

Spirigera Dieneri Bittn. n. sp. Neben *Spiriferina Griesbachi* die häufigste Form und in allen Altersstadien vertreten. Sie ist haplospir, stark sinuirt und von recht charakteristischer Form, erinnert einigermassen an die sehr seltene *Spirigera pachyrhyncha* Bittn. der Hallstätter Kalke, die aber wohl einer anderen Gruppe angehört.

Amphiclina spec., eine sehr kleine *Amphiclina* von indifferenter Form, der *A. dubia* von St. Cassian vergleichbar, als erster aussereuropäischer Repräsentant der Koninckiniden von Interesse.

Rhynchonella, zwei Species, darunter eine von der auffallend geflügelten Form der Muschelkalk-Arten *Rhynchonella vivida* und *R. volitans* Bittn., aber specifisch verschieden.

Aulacothyris spec.

Ausserdem eine geringe Anzahl Lamellibranchiaten, unter denen eine kleine, sehr zierliche *Cassianella* und ein ganz eigenthümlich sculpturirter *Pecten* auffallen.«

---

[1] *Spirifer lilangensis* Stol. gehört aber in Wirklichkeit einem ganz anderen Niveau an und fehlt in dem Versteinerungsmaterial dieser Schichtgruppe. (Mittheilung des Herrn Dr. A. Bittner.)

Nach der als Leitform der Schichtgruppe anzusehenden Brachiopoden-Art schlage ich für diese Schichtgruppe den Namen »Schichten mit *Spiriferina Griesbachi* Bittn.« vor.

Die schiefrigen Kalksteine und Dolomite dieser Schichtgruppe sind von hellgrauer Farbe. Sie verwittern rostbraun mit eigenthümlich zackiger Oberfläche und heben sich in den Details der Verwitterungs-Formen von den tieferen obertriadischen Schichtgliedern ziemlich gut ab.

Hier endet unser Profil oberhalb Martoli E. G. Die beiden Felsrippen, deren Aufschlüsse demselben zu Grunde gelegt erscheinen, verschwinden cca. 30 *m* über der unteren Grenze der Schichten mit *Spiriferina Griesbachi* unter dem grossen Schuttgürtel, der die obertriadischen Hochgebirgskalk-Wände des Bambanag Peak an ihrer Basis flankirt.

Westlich von den beiden unterhalb des Bambanag Peak gegen Martoli E. G. herabziehenden Felsrippen breitet sich ein grosses schuttgefülltes Kar aus. Es reicht bis zu den $3^1/_2$ *km* weiter im Westen gegen das Girthi-Thal in SSW-Richtung vorspringenden Felsrippen, die sich von den Bambanag Heights, der Fortsetzung der Hauptkette, ablösen. Diese Felsrippen bestehen von cca. 16.000 e. F. abwärts aus den obertriadischen Schichtbildungen im Liegenden der Hochgebirgskalke, die hier wie allenthalben in der Bambanag-Kette die Gipfel des Hauptkammes zusammensetzen. Am Fusse der ersten dieser von den Bambanag Heights herabkommenden Rippen schlugen mir unser zweites Lager auf einem von uns Bambanag E. G. genannten Platze auf, in der Grenzregion zwischen den Daonella Beds und dem Muschelkalk. Die Rippe von Bambanag E. G. — es ist dies die auf dem Profil Fig. 7 am weitesten zur Rechten gelegene — ist ostwärts von einem sehr scharf ausgeprägten Querbruch begrenzt. Die Triasbildungen derselben schneiden an den obertriadischen Hochgebirgskalken ab, die den Untergrund des grossen Kares bis zu dem Sporn von Martoli E. G. zusammensetzen. Auch der letztere ist im W von einem Bruch begrenzt. Zwischen beiden Querbrüchen erscheinen die obertriadischen Hochgebirgskalke in viel tieferem Niveau. Sie bilden eine kleine abgesunkene Scholle, die die Verbindung zwischen den Rippen von Martoli E. G. und Bambanag E. G. local unterbricht. Die Störungen dieser Art in den Gehängen der Bambanag Cliffs sind durchaus analog jenen, die in dem Abschnitte über die Structur des Shalshal Cliff beschrieben wurden.

In der Rippe von Bambanag E. G. und den westlich folgenden trifft man die gleiche Schichtfolge wie in dem Profil bei Martoli E. G., doch ist hier der Contact der obertriadischen Hochgebirgskalke mit ihrem Liegenden nicht durch Schuttanhäufungen verhüllt. Die Mächtigkeit der Daonella Beds beträgt in dem Sporn von Bambanag E. G. ca. 300 *m* und steigert sich noch in den westlich anschliessenden Felsrippen. Dieses locale Anschwellen der genannten Schichtgruppe ist auf das Auftreten von untergeordneten Faltungen in den thonreichen, durch Schieferlagen getrennten Kalksteinpartien derselben zurückzuführen. Wie das Profil Fig. 7 zeigt, sind solche Schichtfaltungen innerhalb der Daonella Beds an zwei Stellen mit Sicherheit zu constatiren.

Den Abschluss der Daonella Beds bildet in allen diesen Rippen die mit grosser Regelmässigkeit und lithologischer Gleichförmigkeit — Knollenkalke mit sandigen Zwischenlagen — auftretende Stufe der Haurites Beds. Darüber folgen die schwarzen Schiefer und Kalksteineinlagerungen der Halorites Beds. Das Cephalopodenlager befindet sich auch hier wieder nur wenige Meter im Hangenden der Knollenkalke. Die 1 bis $1^1/_2$ *m* mächtige Kalkbank, welche die Versteinerungen enthält, erwies sich als ebenso reich an Fossilien wie im Profil von Martoli E. G. Auch in den vier westlich folgenden Rippen, deren letzte direct gegen die Ruinen des ehemaligen Sommerdorfes Girthi abstürzt, habe ich die Kalkbank mit den leitenden Formen dieses Horizonts wieder gefunden, wenn ich gleich bei der grossen Entfernung dieser Punkte von unserem Lagerplatz umfangreichere Aufsammlungen an denselben vorzunehmen nicht mehr in der Lage war. Die gleichförmige, auf eine so weite Strecke anhaltende Verbreitung der Fossilien in dieser Bank ist eine ebenso interessante als auffallende Erscheinung. Es braucht wohl kaum betont zu werden, dass diese Art des Vorkommens trotz der von Oberbergrath E. v. Mojsisovics constatirten Verwandtschaft der Formen dieses Horizonts mit solchen aus den Hallstätter Kalken doch eine von der Hallstätter Entwicklung der Trias gänzlich verschiedene ist.

Die schwarzen Schiefer und Kalke der Halorites Beds erreichen in der Rippe von Bambanag E. G. nahezu die doppelte Mächtigkeit wie im Sporn von Martoli E. G. In ihrer oberen fossilleeren Abtheilung gewinnen graue Kalke die Oberhand, zwischen denen nur noch dünne Lagen der splittrigen Schiefer eingeschaltet sind. In steiler Wand bauen sich über ihnen, ungefähr 60 *m* über dem hangenden Schichtenkopf der Hauerites Beds, die hellgrauen, brachiopodenreichen Kalksteine der Schichten mit *Spiriferina Griesbachi* Bittn. auf.

Es ist dasselbe Gestein wie im Profil von Martoli, doch werden die Kalke in ihren höheren Partien nicht nur stark dolomitisch, sondern auch glimmerig. Von der unteren Dolomitstufe der obertriadischen Hochgebirgskalke, mit denen sie im gleichen Gehänge liegen, sind sie durch ihre zackigen Verwitterungsformen äusserlich ohne besondere Schwierigkeit zu unterscheiden. Ihre Mächtigkeit beträgt in der Rippe von Bambanag E. G. 100 bis 120 *m*.

Fig. 7.

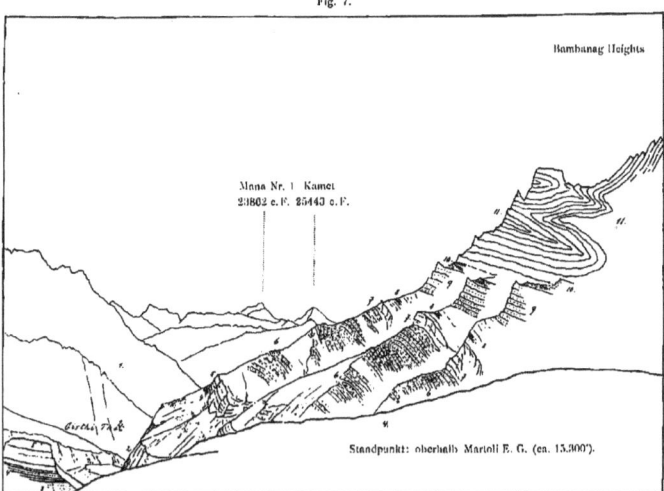

1. Älteres Palaeozoicum. 2. Obercarbonische Quarzite. 3. Productus Shales. 4. Untere Trias. 5. Muschelkalk. 6. Donnella Beds. 7. Hauerites Beds. 8. Halorites Beds. 9. Schichten mit *Spiriferina Griesbachi*. 10. Sagenites Beds. 11. Obertriadische Hochgebirgskalke.

Profil der Bambanag Cliffs gegen das Girthi-Thal.

Diese brachiopodenreichen Kalke (Nr. 9 des Profils Fig. 7) gehen in ihrem Hangenden ganz allmälig in röthlich braune bis leberbraune Kalksteine über, die nur mehr eine Mächtigkeit von 30 bis 40 *m* besitzen und meist eine etwas weniger steil geböschte Stufe zwischen den schroffen Wandpartien der unterlagernden Schichtgruppe und der obertriadischen Hochgebirgskalke im Hangenden bilden. Einzelne Lagen dieser leberbraunen Kalke erinnern in ihrer lithologischen Beschaffenheit in geradezu auffallender Weise an manche Bänke der Torer Schichten im Profil des Thoerl Sattels bei Kaibl. An der Grenze gegen die obertriadischen Hochgebirgskalke sind brecciöse Bildungen, Muschelbreccien und Sandsteineinlagerungen mit Schwefelkieskrystallen häufig. Die nicht eben seltenen Zweischaler sind meist sehr schlecht erhalten. Von

Cephalopoden kann ich leider nur eine specifisch nicht bestimmbare Form der Gattung *Sagenites* v. Mojs. namhaft machen, die in einem einzigen, noch dazu sehr ungenügend erhaltenen Fragment vorliegt.

Über dieser Abtheilung der obertriadischen Schichtreihe, die fernerhin der Kürze halber als »Sagenites Beds« bezeichnet werden soll (Nr. 10 des Profils Fig. 7) folgen ohne jede scharfe Grenze die Hochgebirgskalke des Bambanag-Hauptkammes. Es sind helle, gut geschichtete Dolomite und Kalksteine, deren Schichtköpfe in oft senkrechten Steilstufen abbrechen. Zwischen die untersten, gelbroth anwitternden Bänke schalten sich an einigen Stellen dünne Lagen von schwarzen bituminösen Schiefern ein. Eine Gliederung der obertriadischen Hochgebirgskalke wie im Shalshal Cliff dürfte in der Bambanag-Kette Schwierigkeiten begegnen, da diese Kalke allenthalben starke Faltungen zeigen und in Folge dessen eine zu häufige Wiederholung derselben Schichtfolge eintritt.

Eine Ansicht der Bambanag Heights von dem Schichtkopfe der Halorites Beds in der westlichen der beiden Felsrippen oberhalb Martoli E. G. lässt einen Theil dieser Schichtfaltungen in den obertriadischen Hochgebirgskalken des Hauptkammes deutlich hervortreten. Wo das Ausgehende der ungebogenen, steil aufgerichteten Schichtbänke mit der Kammlinie zusammenfällt, erscheinen dieselben durch die Erosion in schroffe, durch unpassirbare Scharten getrennte Zackenbildungen aufgelöst. Unter diesen fällt ein scharf zugespitzter Felszahn besonders auf, der, gewissermassen ein verkleinertes Abbild der Dent du Géant in der Montblanc-Gruppe, wie das Horn eines Rhinoceros dem flachen Grate entragt. Wäre dieses merkwürdige Gebilde leichter zugänglich, so würde es ohne Zweifel einen Massenbesuch der Siwaverehrer in Hindostan hervorrufen und als »Linga« angebetet werden.

Bei Martoli E. G. ist der Muschelkalk das tiefste Schichtglied, das durch die Erosionsrinne der Girthi-Schlucht entblösst wird. Dem diagonal auf das Schichtstreichen gerichteten Laufe des Girthi-Baches und dem starken Gefälle der Thalsohle entsprechend, reichen bei Bambanag E. G. die Aufschlüsse bereits bis in den carbonischen Quarzit hinab. Weiter abwärts bis zu den Ruinen von Girthi besteht der Sockel der von den Bambanag Heights gegen SSW vorspringenden Felsrippen sogar schon aus den rothen Crinoidenkalken im Liegenden der weissen Quarzite. Diese letzteren treten in unseren Profilen der Bambanag Cliffs als eine gewaltige, in furchtbaren Wänden abbrechende Stufe am Fusse des Gehänges hervor. Über ihnen zieht sich die minder steile Terrasse der Productus Shales und der untertriadischen Ablagerungen dem unteren Rande der gleichfalls jäh abbrechenden Muschelkalkstufe entlang. Die stratigraphischen Verhältnisse sind die gleichen wie im Shalshal Cliff, und mit ihnen machen sich auch die gleichen Grundzüge in der landschaftlichen Physiognomie des Bambanag Cliff geltend.

Die besten Aufschlüsse der unteren Trias und des Muschelkalkes fand ich an der dritten Felsrippe, westlich von unserem Lagerplatz, der letzten auf dem Profil Fig. 7 und der Ansicht auf Taf. IV sichtbaren. Es ist die einzige Stelle, an der ein guter Durchschnitt der Triasablagerungen von den Productus Shales bis zu den Daonella Beds beobachtet werden kann, da das Escarpement des Muschelkalkes sonst allenthalben unzugänglich ist.

Die Productus Shales besitzen in diesem Profil eine Mächtigkeit von 30 *m* über dem weissen Quarzit der Carbonformation, während die untere Trias eine solche von 20 *m* erreicht. Nur die höheren Bänke, die dem Horizont des *Ceratites subrobustus* im Profil des Shalshal Cliff entsprechen, sind besser aufgeschlossen. Sie bestehen auch hier aus dunkelgrauen, 10 bis 20 *cm* dicken Kalksteinbänken, mit ebenso mächtigen Zwischenlagen von schwarzen Schiefern. Sowohl in den Kalken als in den Schiefern finden sich schlecht erhaltene Versteinerungen, die auf das Subrobustus-Niveau hinweisen u. a.

Danubites cf. *Purusha* n. sp. | *Lecanites* sp. ind.
Flemingites cf. *Rohilla* n. sp.

Was von den Otoceras Beds vorhanden ist, gehört den versteinerungsleeren Bänken im Hangenden des Otoceras-Hauptlagers an. Das letztere habe ich in den Bambanag Cliffs nirgends gefunden, was bei der schwierigen Zugänglichkeit des Terrains und der häufigen Maskirung der untertriadischen Aufschlüsse durch die von dem Muschelkalk-Escarpement abgestürzten Gesteinstrümmer leicht erklärlich ist.

Leicht erkennbar ist auch hier wieder wie im Shalshal Cliff der Horizont des *Sibirites Prahlada*. Die erdigen gelbgrauen, 1½ *m* mächtigen Kalksteinbänke haben auch hier einige der für dieses Niveau bezeichnenden Brachiopoden und Bivalven geliefert.

Die überlagernde Hauptmasse des Muschelkalkes zerfällt in eine tiefere ungeschichtete, aus Knollenkalken bestehende Abtheilung und in eine höhere, die aus 30 bis 50 *cm* dicken Bänken von theils hellgrauen, theils dunkelgrauen Kalksteinen sich aufbaut. Die cca. 20 *m* mächtigen Knollenkalke bilden fast allenthalben ein nahezu senkrechtes Escarpement, das ich zwischen unserem Lager und der hier beschriebenen Felsrippe nur an einer Stelle zu erklettern im Stande war. In diesen Knollenkalken sammelte ich nachstehende Cephalopoden:

Ceratites Vyasa n. sp.   *Proptychites Srikaula* n. sp.
» *Ravana* n. sp.   » *Naruda* n. sp.
» sp. ind. ex aff. (?) *geminato* v. Mojs.   *Gymnites Sankara* n. sp.
Meekoceras (Heyrichites) Khanikofi Oppel   » sp. ind. ex aff. *G. Humboldti* v. Mojs.
Proptychites Nalikanta n. sp.

Aus den oberen, geschichteten Kalkbänken, deren durchschnittliche Mächtigkeit 30 *m* beträgt, sich jedoch an manchen Stellen in Folge des Auftretens von streichenden Verwerfungen bis zu 50 *m* steigert, stammen mehrere Exemplare von *Ptychites Gerardi* Blanf.

Über den gut geschichteten Kalkbänken der oberen Abtheilung des Muschelkalkes folgen unmittelbar die typischen Daonella Beds mit ihrer regelmässigen Wechsellagerung von blauschwarzen Schiefern und gelbgrauen Kalken. In denselben findet sich, ungefähr 60 *m* über der oberen Muschelkalk-Grenze, eine 25 *m* mächtige Bank von grauem Dolomit eingeschaltet. Dann tritt wieder das normale Verhältniss der Wechsellagerung zwischen Kalken und Schiefern ein.

Eine Zwischenbildung an der Grenze des Muschelkalkes gegen die Daonella Beds wie sie im Shalshal Cliff gegenüber Rimkin Paiar E. G. durch die Crinoidenkalk-Bänke mit den Cephalopoden des Aonoides-Horizonts repräsentirt wird, habe ich in diesem Profil nicht beobachtet. Indessen wäre es zu weit gegangen, hieraus auf das thatsächliche Fehlen einer solchen Zwischenbildung zu schliessen, da bei der geringen Mächtigkeit und der lithologischen Gleichartigkeit mit der Muschelkalk-Hauptmasse der Nachweis derselben ohne Auffindung bezeichnender Fossilien kaum zu erbringen wäre. Fehlt doch z. B. selbst in dem von Griesbach so sorgfältig, auf bedeutendere Strecken thatsächlich bankweise aufgenommenen Profil des Shalshal Cliff jeder Hinweis auf diesen Horizont, dessen Bedeutung für die Gliederung der Himalaya-Trias überhaupt erst durch die Bearbeitung der aus demselben stammenden Versteinerungen ersichtlich wurde.

D. Utadhura (17,590 e. F.) und Jandi (ca. 19,500 e. F.).

Zwischen Bambanag E. G. und Martoli E. G. greifen die Triasbildungen der Bambanag Cliffs auch auf das linksseitige Gehänge des Girthi-Thales hinüber. Von der Höhe einer der zu den Bambanag Heights emporziehenden Felsrippen bietet sich der volle Anblick eines das gesammte jüngere Paläozoicum und die Trias umfassenden, trotz zahlreicher untergeordneter Störungen im Ganzen verhältnissmässig normalen Profils, das sich über die südliche Umrandung des Girthi-Thales bis zum Gipfel des cca. 19.500 e. F. hohen Jandi erstreckt (vergl. Taf. IV).

Den Abschluss dieses Profils bildet im Westen der linksseitige Grenzrücken des Girthi-Gletscherabflusses, über dessen Schulter der namenlose, mit 20.344 e. F. côtirte Schneegipfel des Scheidekammes von Unjn Tirche aufragt. Dieser Rücken besteht aus rothen Crinoidenkalken, einem älteren Gliede der Carbonformation des Central-Himalaya. Auf der Strecke zwischen den Abflüssen des Girthi- und des Topidungra-Gletschers tritt eine bis zu 20.000 e. F. aufragende Vorlage zwischen die Girthi-Schlucht und die in gleicher Richtung verlaufende Firnmulde des Girthi-Gletschers. Zwei kleine Seitengletscher hängen von dieser Vorlage gegen das Girthi-Thal herab. Der dieselben trennende Querrücken besteht bereits aus dem weissen obercarbonischen Quarzit, desgleichen die beiden, jene Vorlage krönenden Felsgipfel. Auf der von dem östlichen Gipfel nordwärts herabziehenden Schulter liegen die schwarzen, kohligen Schiefer der permischen Productus Shales. Tiefer abwärts treten noch untere Trias und Muschelkalk hinzu. Die Schichten neigen sich in demselben Sinne wie die Gehänge, und an Staffelbrüchen treten gegen abwärts zu immer jüngere Glieder hervor, wie dies auf S. 24 [550] beschrieben wurde.

Die Grenze der Productus Shales und des unterlagernden Quarzits, dem Griesbach auf Grund der stratigraphischen Verhältnisse ein obercarbonisches Alter zuschreibt, lässt sich bis unter die ausgedehnten Firnmassen der Bamlas-Spitzen zwischen dem Bamlas- und Topidunga-Gletscher verfolgen. Sie tritt im Landschaftsbilde durch den Contrast in der Färbung der Gesteine unter allen Formationsgrenzen am schärfsten hervor. Trotz ihrer geringen Mächtigkeit werden in Folge dessen Productus Shales und untere Trias im Central-Himalaya für den Aufnahmsgeologen zu einem Leitfaden, dem in den Alpen keine Schichtgruppe in dieser Hinsicht auch nur annähernd verglichen werden kann.

Der Ausgang des Topidunga Thales ist bereits in NO fallende Kalke und Schiefer der Daonella Beds eingeschnitten.

Am 8. Juli waren wir auf dem Rückwege von Martoli E. G. nach Topidunga E. G. in Folge des rapiden Anschwellens des Topidunga-Baches genöthigt, auf der linken Thalseite bis zur Gletscherzunge aufwärts zu wandern. Wir querten auf diesem Marsche ein ziemlich gut aufgeschlossenes Profil von den Daonella Beds bis zu den Productus Shales. Das Gletscherende mit der vorliegenden Stirnmoräne ist in die Knollenkalk-Stufe des Muschelkalkes eingesenkt. Ich sammelte in derselben einige Stücke von Ceratiten, darunter eine neue, mit *Ceratites subrobustus* v. Mojs. verwandte, aber durch vorgeschrittenere Zähnelung der Loben unterschiedene Art. Auf der gegenüberliegenden Seite der Gletscherzunge streicht der Muschelkalk hart am Rande derselben weiter gegen SO. Das Einfallen ist auch hier fortwährend gegen NO gerichtet. Die ganze rechte Seite des Topidunga-Thales und der dasselbe von dem Thale von Lauka E. G. trennende Rücken bestehen aus Daonella Beds.

Auf dem Wege von Topidunga E. G. bis zum Weideplatze Lauka mangeln gute Aufschlüsse. In der Umgebung von Topidunga E. G. stehen dolomitische Kalke an, deren lithologischer Habitus und Verwitterungsformen sie als den Schichten mit *Spiriferina Griesbachi* zugehörig erkennen lassen. Von den Halorites Beds ist zwischen dem Ausgange des Topidunga-Thales und Lauka E. G. nichts zu finden. Sie fehlen auch in der Südwand des Kiangur Peak und des Kiangur Nr. I (17.680 e. F.), der beiden südöstlichen Eckpfeiler der Bambanag-Kette. Die normale Lagerung der triadischen Schichtglieder bis zu den obertriadischen Hochgebirgskalken innerhalb der Bambanag Cliffs erreicht in den beiden, an anderer Stelle ausführlich beschriebenen Felsrippen oberhalb Martoli E. G. ein Ende. Von da ab weiter östlich sind die Abhänge der Bambanag-Kette gegen das Girthi-Thal von grossen Störungen durchsetzt. Eine dieser wohl als Wechsel aufzufassenden Störungen, an der die leberbraunen Kalksteine des Sagenites Beds im normalen Liegenden der obertriadischen Hochgebirgskalke über diese letzteren geschoben sind, ist in Fig. 8 dargestellt.

Diese Überschiebungsbrüche combiniren sich in der Gegend des Kiangur Passes (17.000 e. F.) mit gewaltigen Schichtfaltungen. Die gegen Süden sich verschmälernden Falten der Bambanag-Kette laufen im Kiangur Nr. I (17.680 e. F.) in eine einzige steile Antiklinale aus. Zwischen dieser und der östlich folgenden, gleichfalls aus den obertriadischen Hochgebirgskalken bestehenden und NS streichenden Falte des Lahur sind oberjurassische Spiti Shales in einer schmalen Synklinale eingeklemmt und gleichzeitig von Osten her durch die Falte des Lahur überschoben. Griesbach hat (l. c., S. 154) eine instructive Ansicht dieser überschobenen Falte gegeben, welche jedoch nur den tektonischen Grundzug — das tektonische Leitmotiv, wenn man so sagen darf — in diesem Bilde zum Ausdruck bringt. Im Detail ist die Complication der tektonischen Verhältnisse eine so grosse, dass mehrfache Einfaltungen der Spiti Shales in die Triasbildungen sich aus derselben ergeben. Der Einfluss dieser grossen, mit localen Überschiebungen combinirten Schichtfaltungen hält aber auch noch auf der linken Seite des Girthi-Thales bis gegen Lauka E. G. an, und erst weiter thalaufwärts gegen den Jandi-Pass (18.400 e. F.) trifft man wieder normale Verhältnisse.

An dem Sporn des gegenüber Lauka E. G. sich öffnenden und zum Rücken des Jandi hinanziehenden Grabens befindet sich ein vortrefflicher Aufschluss der Daonella Beds. Die Schichten streichen NW bis NNW und fallen sehr steil (bis 70°) gegen NO ein. Die braungelben, rostfarben verwitternden Kalkplatten, die mit schwarzen oder graublauen Kalkschiefern wechsellagern, dürften der mittleren oder oberen Abtheilung der Daonella Beds im Profil von Martoli entsprechen. Die Kalkschiefer enthalten verquetschte Abdrücke von Daonellen oder Halobien. In den Kalkplatten finden sich zahlreiche, zum Theile verkieste Cephalopoden. Obwohl die meisten unter ihnen, wie allenthalben in den Daonella Beds, stärker als das umgebende Gestein verwittert sind und in Folge dessen aus diesem nicht losgelöst werden können, gelang es mir doch an dieser Stelle auch einige besser erhaltene Stücke zu sammeln.

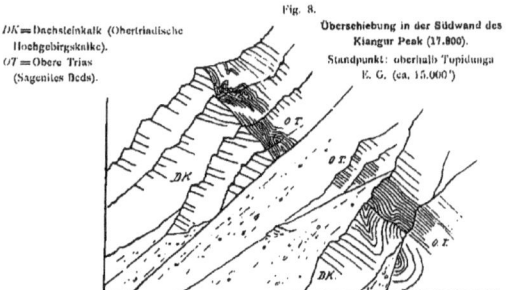

Fig. 8.

DK = Dachsteinkalk (Obertriadische Hochgebirgskalke).
OT = Obere Trias (Sagenites Beds).

Überschiebung in der Südwand des Kiangur Peak (17.800).
Standpunkt: oberhalb Topidunga E. G. (ca. 15.000')

Nach den Mittheilungen von Oberbergrath E. v. Mojsisovics befinden sich unter den letzteren:

Cladiscites cf. *sublornatus* v. Mojs.
Arcestes sp. (Gruppe der *Bicarinati*?)
Phylloceras Ebneri n. sp.
Placites Oldhami n. sp.

Von Lauka E. G. (cca. 16.000 e. F.) bis zur Höhe des Jandi-Passes (18.400 e. F.) besteht das Gehänge ausschliesslich aus den Schiefern und Kalken der Daonella Beds. Auch auf dem Abstiege zum Jandi-Gletscher (zwischen Jandi-Pass und Kungribingri-Pass) bleibt man fortwährend innerhalb des Verbreitungsgebietes dieser Schichtgruppe. Die Schichten der Daonella Beds beschreiben auf dieser Strecke eine vollständige Drehung im Streichen von NNW über W bis NO und NNO. Sie bilden eine schüsselförmige Synklinale, deren Mitte die obertriadischen Hochgebirgskalke des Jandi einnehmen. Zwischen diesen und den Daonella Beds der Passhöhe sind die obertriadischen Sedimente in ähnlicher Weise wie im Bambanag-Profil entwickelt. Unmittelbar über der Passhöhe treten in der zum Jandi-Gipfel ansteigenden Kammlinie die Halorites Beds mit flachem N-Fallen zu Tage. Darüber markirt sich die steile Wandstufe der dolomitischen Schichten mit *Spiriferina Griesbachi* und die Terrasse der leberbraunen Kalksteine (Sagenites Beds). Das Gipfelmassiv bilden die obertriadischen Hochgebirgskalke, deren Bänke gleichfalls von allen Seiten her gegen den Mittelpunkt der Synklinale einfallen.

Auf den Gehängen des Jandi-Passes sammelte ich *Parajuvavites* sp. ind. und

Gümbelites jandianus Mojs.

Das südliche Ende der Triaszone des Shaishal Cliff und der Bambanag-Kette liegt in der Umgebung des 17.590 e. F. hohen Utadhura (Passes), der von Lauka E. G. in das Thal der Goriganga nach Milam führt.

Die Synklinale des Utadhura entspricht jener am Kiangur-Pass. Wie dort die grosse Synklinale der Spiti Shales von Chidamu und Laptal in den obertriadischen Hochgebirgskalken, so keilen hier die Triasbildungen in einer vielfach gefalteten Synklinale zwischen zwei paläozoischen Gewölben aus. Das west-

---

[1] Wahrscheinlich stammen diese beiden Formen aus den *Halorites Beds*, doch ist ihre Provenienz nicht ganz sicher, da die betreffenden Stücke nicht im anstehenden Gestein gesammelt wurden.

Geologische Expedition in den Central-Himalaya.

liche der beiden letzteren umfasst die Schneespitzen in der Umrandung des Bamlas-Gletschers, während das östliche von dem mit 19.340 e. F. cotirten Gipfel an der tibetanischen Grenze gegen den alten Gletscherpass NNO von Dung E. G. streicht.

Die permo-triadische Synklinale des Utadhura ist zwar in zahlreiche secundäre Falten gelegt, wie dies von Griesbach (l. c., p. 150) beschrieben wurde, doch findet keinerlei Überschiebung durch die älteren Schichtbildungen, wie in der Synklinale des Kiangur-Passes statt.

Fig. 9 gibt eine Ansicht eines Theiles dieser Schichtfaltungen am Utadhura selbst wieder, und zwar von dem gleichnamigen Gletscher auf der Südseite des Passes aus gesehen. Am intensivsten gestört sind die Lagerungsverhältnisse in den Productus Shales und den Kalken und Schiefern der unteren Trias. Zwischen den harten, den faltenden Bewegungen gegenüber minder nachgiebigen Quarziten des Carbons und der Hauptmasse des Muschelkalkes erscheinen sie in der mannigfachsten Weise zerquetscht und zerknittert.

Wie die Ansicht in Fig. 9 erkennen lässt, berührt die Route über den Utadhura Productus Shales und untere Trias nicht mehr. Vom Gletscher aus gelangt man vielmehr direct in die Region des Muschelkalkes

Fig. 9.

Südabhang des Utadhura (17.500 e. F.).

Route. ** Fundstellen der Fossilien. *A* Obercarbonischer Quarzit. *a* Productus Shales und untere Trias. *b* Muschelkalk. *c* Daonella Beds. *Gl.* Gletscher.

Obwohl ich den Utadhura dreimal überschritten habe, war es mir in Folge der grossen Entfernung zwischen den einzelnen Lagerplätzen auf der Route über diesen Pass nicht möglich, die abseits vom Wege gelegenen Aufschlüsse der unteren Trias zu besuchen. Der Muschelkalk ist durch eine einigermaassen eigenthümliche Fauna ausgezeichnet. Insbesondere in den höheren, aus einem schwarzgrauen Kalkstein mit schieferigen, grünlichen Zwischenlagen bestehenden Bänken finden sich Cephalopoden in grosser Zahl, aber in der Regel nur in Bruchstücken erhalten. Ich sammelte unter diesen:

Ceratites n. sp. aff. *C. Ravana* Dien.
» cf. *Ravana* n. sp.
» *Thuilleri* Oppel
Acrochordiceras Johareuse n. sp.

Danubites Dritarashtra n. sp.
Gemmites Sankara Dien.
Ptychites sp. ind.
Orthoceras cf. *campanile* v. Mojs.

Über dem Muschelkalk folgen bis zur Passhöhe zunächst gelbgraue, dünn geschichtete, schieirige Kalke, dann weissgraue, splittrige Kalkbänke der Daonella Beds mit Abdrücken von Halobien und Ammoniten, darunter: *Megaphyllites* sp. ind. und *Jnvarites* sp. ind.

Dieselben Bänke der Daonella Beds reichen in ihrer Fortsetzung nach N bis Lauka E. G. herab, während sie gegen NO zum Jandi-Pass hinüberstreichen. Doch beobachtet man vom Jandi-Pass bis zu dem mit 19.340 e. F. cotirten Gipfel im S des Jandi-Gletschers kein normales Triasprofil mehr. Dieser Gipfel selbst besteht aus dem weissen Quarzit der Carbonformation. An seine nördliche Flanke und den Kamm zum Utadhura lehnen sich Productus Shales, die auch eine vorspringende Felsbastion in der SO-Ecke des genannten Gletschers bedecken. Aus dem Jandi-Gletscher erhebt sich als der Kern einer Antiklinale ein

Felsriff von weissem Quarzit. Zwischen den Productus Shales und den Daonella Beds des Jandi-Passes fehlen alle tieferen Triasglieder, so dass man annehmen muss, es setze hier ein SW gerichteter Querbruch zwischen der Synklinale des Jandi und der sich vom Jandi-Gletscher aus allmälig hebenden paläozoischen Welle des Gipfels 19.340 e. F. hindurch.

3. Faunistische und stratigraphische Ergebnisse.

Unter allen fossilen Faunen, die bisher aus der Trias des Himalaya bekannt sind, ist es jene des Muschelkalkes, die zu den Faunen aus gleichwerthigen Bildungen der alpinen Trias die nächsten Beziehungen erkennen lässt.

Ein Hinweis in dieser Richtung findet sich bereits in H. F. Blanford's Beschreibung des *Ptychites Gerardi*. Auch Oppel gab der Meinung Ausdruck, dass ein Theil der von den Brüdern Schlagintweit in Tibet und Spiti gesammelten Versteinerungen eine Verwandtschaft mit Formen des europäischen Muschelkalkes zeige. Mit grösserer Entschiedenheit betonte Beyrich den Muschelkalk-Charakter der meisten durch Oppel, Stoliczka, Blanford und Salter bekannt gemachten Fossilreste aus der Himalaya-Trias. Im Jahre 1880 wurde der Muschelkalk von C. L. Griesbach zuerst als ein bestimmter, scharf umschriebener geologischer Horizont im Central-Himalaya nachgewiesen. Später zeigte E. v. Mojsisovics, dass dieser Horizont »faunistisch ein Bindeglied zwischen dem arktischen und dem mediterran-europäischen Muschelkalke bilde« und brachte für denselben die Bezeichnung »Indische Triasprovinz« in Vorschlag. Es empfiehlt sich daher, bei einer Übersicht über die Gliederung der Himalaya-Trias von diesem seit längerer Zeit und am genauesten bekannten, stratigraphisch scharf fixirten Niveau auszugehen.

Wie Griesbach gezeigt hat, und wie durch die vorangehende Detailbeschreibung der Profile des Shalshal Cliff und am südlichen Abhange der Bambanag-Kette bestätigt wird, besteht in Johár und Painkhánda die Hauptmasse des Muschelkalkes aus einem 15 bis 50 *m* mächtigen Complex von grauen, harten, häufig knolligen Kalksteinen, deren hangende Partien, im Gegensatze zu der massigen Ausbildung der liegenden, meist gut geschichtete und häufig durch dünne Zwischenlagen von Schiefer unterbrochene Bänke bilden. In den von unserer Expedition bereisten Gebieten habe ich den Muschelkalk in dieser Ausbildung als einen sehr constanten stratigraphischen Horizont in den Triasablagerungen des Central-Himalaya angetroffen, so im Shalshal Cliff, in den Bambanag Cliffs, am Utadhura, Silakank und oberhalb Kiungdung (Niti-Pass). Griesbach hat ihn, wie aus seinen Aufnahmsberichten hervorgeht, nach Osten bis an die Grenze von Byans und Nepal, im Westen bis zum Hop Gádh in Tibet verfolgt. Auch unter den von ihm gesammelten Fossilien, die mir zur Bearbeitung anvertraut waren, finden sich von mehreren ausserhalb der Route unserer Expedition gelegenen Localitäten bezeichnende Arten dieses Horizontes.

Aus dem Muschelkalke des Lissar-Thales, von einem Punkte im Süden des Gipfels Dharma Nr. XI, stammt ein Exemplar von *Ceratites Ravana* n. sp. var.

Eine zweite Muschelkalk-Localität liegt nördlich von dem Weideplatze Kalapani (Kali River Valley) an der dreifachen Grenze von Kumaon, Hundés und Nepal, innerhalb derselben, tektonisch sehr verwickelten Region, aus der die von E. v. Mojsisovics als Vertretung des Subbullatus-Horizontes angesprochenen, obertriadischen Tropiten-Schichten stammen. Hier sammelte Griesbach eine grössere Zahl von Fossilien, die er den beigelegten Etiquetten zufolge für obertriadisch hielt und die ausnahmslos einen, offenbar auf späterer Deformirung beruhenden, schief elliptischen Umriss zeigen. Diese ziemlich individuenreiche, jedoch artenarme Fauna umfasst die nachstehenden Cephalopodenarten:

Nautilus Griesbachi n. sp.	*Buddhaites Rama* n. sp.
Ceratites Kuvera n. sp.	*Ptychites Sahadeva* n. sp.

Der Charakter dieser Fauna weist entschieden auf Muschelkalk hin. Für eine solche Altersbestimmung erscheint insbesondere die Anwesenheit von *Buddhaites Rama* beweisend.

Nordwestlich vom Niti-Pass liegt, bereits ganz innerhalb des unabhängigen Tibet, das gleichfalls von Griesbach entdeckte Muschelkalk-Vorkommen am Tsang Chok La (Hop Gádh). Es ist in Griesbach's

Geologische Expedition in den Central-Himalaya.

Sammlungen nur durch wenige, aber infolge ihrer ausgezeichneten Erhaltung werthvolle Stücke vertreten, darunter:

Ceratites Hidimba n. sp.
Proarcestes Balfouri Oppel.
Meekoceras (Beyrichites) Khanikofi Oppel
Ptychites Govinda n. sp.

Aus den benachbarten Districten von Tibet sind durch die Aufsammlungen der Brüder Schlagintweit und deren Bearbeitung durch Oppel noch von mehreren Localitäten Versteinerungen des Muschelkalkes bekannt geworden, so von Shangra:

Ceratites Hidimba n. sp.
Japonites runcinatus Oppel
Meekoceras (Beyrichites) Khanikofi Oppel
»   »   *proximum* Oppel

ferner von Dras (?):

Ptychites cognatus Oppel
»   *Everesti* Oppel
»   *Vidura* n. sp.

Proarcestes Balfouri Oppel.

Wir gelangen nunmehr nach dem zweiten Hauptverbreitungsgebiete des Muschelkalkes im Himalaya, nach Spiti. Aus dem Muschelkalk von Spiti stammen die meisten der von Oppel und Stoliczka beschriebenen Trinacephalopoden, und zwar vorwiegend von den Localitäten: Kuling, Parang-Pass, Kunzum-Pass, Lilang und Muth.

Die Cephalopodenfauna des Muschelkalkes von Spiti umfasst folgende Arten:

Nautilus Spiticusis Stoliczka
Orthoceras sp. ind. ex aff. *O. campanili* v. Mojs.
Atractites sp. ind.
Ceratites Wetsoni Oppel
»   *Voiti* Oppel
   sp. ind. ex aff. *C. Ravana* Diener
   sp. ind. ex aff. *C. Hidimba* Diener
»   *Daugara* n. sp.
»   *onustus* Oppel
»   *Thuilleri* Oppel
»   *himalayanus* Blanf.
»   *trunens* Oppel
Proarcestes Balfouri Oppel
»   *bicinctus* v. Mojs.
Meekoceras (Beyrichites) Khanikofi Oppel
Gymnites Jollyanus Oppel
»   *Kirata* n. sp.

Gymnites Sankara n. sp.
»   n. sp. ind. ex aff. *G. Sankara*
»   *Lamarcki* Oppel
Ptychites rugifer Oppel
»   *libetanus* v. Mojs.
»   *Mangala* n. sp.
»   *Sukra* n. sp.
»   *cognatus* Oppel
»   *Asura* n. sp.
»   *impletus* Oppel
»   *Malletianus* Stoliczka
»   *Gerardi* Blanf.
»   *Everesti* Oppel
»   *Vidura* n. sp.
»   *cochleatus* Oppel
»   *Mahendra* n. sp.

Die Muschelkalkfaunen von Painkhânda und Spiti sind nicht ganz gleichartig. Unter den in Spiti häufiger vorkommenden Arten fehlen *Ptychites cognatus* und *Ptychites Vidura* in Painkhânda. Immerhin sind elf Arten beiden Gebieten gemeinsam, darunter gerade die eigentlichen Leitformen des indischen Muschelkalkes, nämlich:

Ceratites Voiti Oppel
»   *Thuilleri* Oppel
Meekoceras (Beyrichites) Khanikofi Oppel
Gymnites Jollyanus Oppel
»   *Sankara* n. sp.
Buddhaites Rama n. sp.

Ptychites rugifer Oppel
»   *Gerardi* Blanf.
»   *cochleatus* Oppel
»   *Everesti* Oppel
»   *Mahendra* n. sp.

Es ist lebhaft zu bedauern, dass aus den Triasablagerungen von Kashmir nur eine so überaus geringe Anzahl von Versteinerungen vorliegt. In Lydekker's Verzeichniss der Fossilien aus der sogenannten »Supra-Kuling Series« (Trias und Jura) von Kashmir (l. c. p. 158) begegnet man überhaupt nur drei Speciesnamen. In der Sammlung des Geological Museum in Calcutta, die mir zur Bearbeitung anvertraut wurde, befindet sich auch ein wohlerhaltenes Exemplar von *Ceratites Thuilleri* aus Sunamarg, das auf eine Vertretung des Muschelkalkes in fossilführender Ausbildung daselbst mit Sicherheit schliessen lässt. Ausserdem wird von der gleichen Localität noch *Ptychites Gerardi* Blanf. citirt.

Von einer nicht näher bestimmten Localität in Ladakh hat Prochnow den von Beyrich beschriebenen *Gymnites Salteri* nach Europa gebracht, der einer Form des Muschelkalkes, *Gymnites Kirata* nov. sp., sehr nahe steht, ja mit derselben möglicher Weise sogar identisch ist.

Die Cephalopodenfauna des indischen Muschelkalkes umfasst, soweit sie bisher bekannt geworden ist, 80 Arten. Unter den trachyostraken Ammoniten spielt die Gattung *Ceratites*, unter den Leiostraea *Meekoceras (Hcyrichites)*, *Gymnites* und *Ptychites* die Hauptrolle. Dagegen treten die Familien der *Tropitidae* und *Arcestidae* sehr in den Hintergrund. *Ceratites* ist im Muschelkalk des Himalaya durch 26 Arten vertreten, unter denen nicht weniger als 17 in die Gruppe der *Circumplicati*, 4 in die Gruppe der *Nodosi*, 3 in jene der *Subrobusti*, und wahrscheinlich 2 in jene der *Geminati* gehören. Ausserdem kennt man von trachyostraken Ammoniten noch die Gattungen (beziehungsweise Untergattungen) *Acrochordiceras* (mit 2 Arten), *Danubites* (mit einer Art) und *Japonites* (mit 3 Arten). Unter den *Leiostraea* erscheinen *Proarcestes* durch 2 Arten, *Meekoceras (Hcyrichites)* durch 7 Arten, *Sturia* durch eine Art, *Gymnites* durch 8 Arten, die mit *Gymnites* verwandte neue Untergattung *Buddhaites* durch eine Art, *Proptychites* durch 3 und *Ptychites* durch 18 Arten repräsentirt. Unter den Arten der letztgenannten Gattung entfallen 7 auf die Gruppe der *Rugiferi*, 3 auf jene der *Megalodisci*, ebensoviele auf jene der *Opulenti*, 2 auf jene der *Flexuosi*. Neben diesen im alpinen Muschelkalke bekannten Gruppen treten noch zwei weitere, als ein dem Muschelkalke des Himalaya eigenthümliches Faunenelement zu betrachtende, auf: die Gruppe des *Ptychites Matteianus* Stol., und jene der *Ptychites orbilobi* (Typus *Ptychites Gerardi* Blanf.). Sehr spärlich vertreten erscheinen neben den Ammonitiden die übrigen Ordnungen der Cephalopoden. Man kennt 3 Arten von *Nautilus*, zwei von *Orthoceras* und eine nur sehr unvollständig erhaltene von *Atractites*.

Mit den gleichalterigen Bildungen ausseriudischer Districte hat der Muschelkalk des Himalaya mindestens zwei Arten gemeinsam: *Sturia Sansovinii* Mojs., das bekannte Leitfossil der Trinodosus-Zone in der alpinen Trias und *Meekoceras (Hcyrichites) affine* Mojs. aus dem Muschelkalk von Mengilacch am Olenck in Nordostsibirien. Sehr wahrscheinlich ist ferner die Identität eines *Orthoceras* vom Utadhura (Pass) in Kumaon mit *Orthoceras campanile* Mojs. aus dem oberen Muschelkalk der Alpen. Möglicher Weise ist auch noch *Proarcestes Balfouri* Oppel in diese Liste einzureihen, da nach dem gegenwärtigen Stande unserer Kenntniss von dieser Form unterscheidende Merkmale gegenüber *Proarcestes Escheri* Mojs. aus dem rothen Kalkstein der Schreyer Alpe bei Hallstatt (Zone des *Ceratites trinodosus*) noch nicht ermittelt werden konnten.

Wie E. v. Mojsisovics[1] schon im Jahre 1886 betonte, nimmt der Muschelkalk der indischen Triasprovinz eine vermittelnde Stellung zwischen dem alpin-mediterranen und dem arktisch-pacifischen Muschelkalke ein. Diese Anschauung hat durch meine, ein ungleich grösseres Material umfassenden Untersuchungen nicht nur eine Bestätigung erfahren, sondern es lassen sich auch die Beziehungen, welche die indische Triasprovinz zur Zeit des Muschelkalkes mit der alpin-mediterranen und der arktisch-pacifischen Triasprovinz verknüpften, nunmehr näher verfolgen.

Die Beziehungen zum alpinen Muschelkalk sprechen sich in dem Auftreten zahlreicher verwandter Formen in beiden Gebieten, insbesondere aus den Gattungen *Gymnites* und *Ptychites* aus. Auf die Gemeinsamkeit von *Sturia Sansovinii* Mojs., *Orthoceras campanile* Mojs. und *Proarcestes Balfouri* Oppel (? = *Escheri* Mojs.) wurde bereits hingewiesen. Unter den Ceratiten schliessen zwei Arten aus der Gruppe

---

[1] Arktische Triasfaunen, l. c. S. 154.

der *Nodosi*, nämlich *Ceratites Thuilleri* Oppel und *Ceratites himalayanus* Blanf. sich enge an *Ceratites trinodosus* Mojs. an. Die im indischen Muschelkalk durch ihren Formenreichthum ausgezeichnete Gattung *Meckoceras*[1] enthält einige Arten, die ihre nächsten Verwandten in *Meckoceras Reuileuse* Beyr. besitzen (*Meckoceras Khanikoffi* Oppel, *Meckoceras Kesava* n. sp.). Unter den Gymniten schliessen sich mehrere Arten an *Gymnites Humboldti* Mojs., *G. obliquus* Mojs. und *G. incultus* Beyr. zunächst an. Unter den Ptychiten aus der Gruppe der *Megalodisci* weicht der indische *Ptychites Sumitra* nur in sehr untergeordneten Details von dem alpinen *Ptychites megalodiscus* Beyr. ab. In der Gruppe der *Flexuosi* sind nahe verwandtschaftliche Beziehungen zwischen *Ptychites cochleatus* Oppel und *Ptychites Studeri* Hauer, einerseits, *Ptychites Mahendra* und *Ptychites flexuosus* Mojs. andererseits erkennbar.

Ein kaum weniger nahes faunistisches Verhältniss ergibt sich zwischen dem Muschelkalk des Himalaya und den Triasbildungen der arktisch-pacifischen Provinz. Diese Beziehungen würden wahrscheinlich noch erheblich schärfer hervortreten, wenn nicht unsere Kenntnisse bezüglich cephalopodenführender Muschelkalk-Schichten in dem letzteren Faunengebiet relativ dürftige wären. Nur die Fauna des spitzbergischen Daonella-Kalkes und die kleinen Faunen von Mengilaech an der Olenek-Mündung und den Magyl-Felsen an der unteren Jana gestatten eine directe Vergleichung, da sie dem indischen Muschelkalk als beiläufig gleichwerthig angesehen werden können, während die spitzbergischen Posidonomyenkalke bereits ein sehr tiefes Muschelkalk-Niveau repräsentiren.

Schon E. v. Mojsisovics hat in seiner Arbeit über die arktischen Triasfaunen (l. c. p. 140) hervorgehoben, dass in beiden Faunengebieten die alpin-mediterrane Gattung *Tirolites* fehle. Dem spitzbergischen Muschelkalke fehlt die, wahrscheinlich von *Tirolites* abstammende Gattung *Balatoniles*, und die gleiche Erscheinung kehrt im Muschelkalk des Himalaya wieder. Beiden Faunengebieten eigenthümlich und in hohem Grade charakteristisch ist ferner das Überwiegen der Ceratiten aus der Gruppe der *Circumplicati*, insbesondere der von *Ceratites polaris* Mojs. und dessen Verwandten derivirten Formen, wie *C. Hidimba*, *C. Dungara*, *C. Visvakarma*, *C. Arjuna*, *C. Ravana*, *C. Voiti* und *C. Airavata*. Alle die genannten indischen Ceratiten stehen mit der arktisch-pacifischen Gruppe des *Ceratites polaris* in nächster genetischer Beziehung. Auch besitzen die dem alpinen Muschelkalk fremden Gruppen der *Ceratites subrobusti* und *geminati* im Muschelkalk des Himalaya einige Repräsentanten. Bemerkenswerth ist das Auftreten der Untergattung *Japonites* Mojs., die in der indischen Triasprovinz durch drei Arten vertreten wird, unter denen *Japonites Sugriwa* n. sp. dem aus geologisch jüngeren Triasschichten von Japan stammenden *Japonites planiplicatus* Mojs. zunächst steht. Der innigen Beziehungen der indischen Ptychiten aus der Gruppe der *Rugiferi* (*Ptychites rugifer* Oppel, *Pt. libetanus* Mojs.) zu solchen des spitzbergischen Muschelkalkes ist bereits von E. v. Mojsisovics gedacht worden.

Von besonderem Interesse ist das Vorkommen von *Beyrichites affinis* Mojs. im Muschelkalke des Himalaya.

Diese sowohl der äusseren Gestalt als der Entwicklung der Loben nach den Meekoceraten des alpinen Muschelkalkes nahestehende Form wurde zusammen mit *Hungarites triformis* Mojs. und *Monophyllites* sp. ind. von Czekanowski in einem schwarzen Kalkstein unterhalb Mengilnech, nahe der Olenek-Mündung, gefunden. Auf Grund der Untersuchung der von Czekanowski am unteren Olenek gesammelten Fossilien sprach E. v. Mojsisovics die Ansicht aus, dass diese kleine Fauna einem, von den Olenek-Schichten verschiedenen, jüngeren Horizonte angehören dürfte.[2] Diese Anschauung fand eine Bestätigung in der Entdeckung einer von den Olenek-Schichten verschiedenen, geologisch jüngeren Fauna in den

---

[1] Der Gattungsname *Meekoceras* ist hier in jener weiten Fassung gebraucht, die E. v. Mojsisovics in seinen «Cephalopoden der mediterranen Triasprovinz» dem Genus gegeben hat. Nach Waagen wären diese Formen zu dem neuen Genus *Beyrichites* zu stellen, das ich als eine Untergattung von *Meekoceras* betrachte, die durch die äussere Ähnlichkeit mit den *Ptychites flexuosi* und die auf der oberen Schalenhälfte halbmondförmig geschwungenen Faltrippen von *Meekoceras* s. s. unterscheidet. Die Zugehörigkeit von *Beyrichites* zu den *Meekoceratidae* Waagen wird durch die Gleichartigkeit der Form im Jugendstadium und in altersreifen Stadien bewiesen, während bei *Ptychites* und *Prophychites* die Jugendformen globos sind.

[2] Arktische Triasfaunen, l. c. S. 142.

Magyl-Felsen im Janalande durch Baron E. Toll, in welcher gleichfalls *Beyrichites affinis* und *Hungarites triformis* sich finden und deren zoologischer Charakter auf die Zeit des Muschelkalkes hinweist.[1] Der Nachweis des Vorkommens von *Beyrichites affinis* in echten Muschelkalkbildungen Indiens darf als eine erfreuliche Bestätigung der Richtigkeit dieser auf paläontologische Analogien gegründeten Altersbestimmung angesehen werden.

Obwohl der Muschelkalk des Himalaya faunistisch ein Bindeglied zwischen den gleichwerthigen Ablagerungen der alpin-mediterranen und der arktisch-pacifischen Triasprovinz darstellt, so enthält derselbe doch gleichzeitig eine nicht geringe Zahl eigenthümlicher Faunenelemente, die der indischen Triasprovinz den Charakter einer selbstständigen zoogeographischen Region aufprägen.

Zu diesen fremdartigen, auf die indische Trias beschränkten Faunenelementen gehört vor Allem die merkwürdige Gruppe des *Gymnites Rama* n. sp., für welche ich die Aufstellung einer besonderen Untergattung *(Buddhaites)* gerechtfertigt erachte. Diese bisher mit *Carnites floridus* Wulf. verwechselte Form ist in der Jugend ein echter Gymnit mit gerundeter Externseite und einem weiten, offenen Nabel. Bei fortschreitendem Wachsthum dagegen stellt sich ein enger, stark vertiefter Nabel ein, während sich gleichzeitig der Externtheil zuschärft. Es nähert sich diese Form dadurch äusserlich in der That dem *Carnites floridus* in auffallender Weise, wenngleich die Loben stets gymnitisch bleiben und der Entwicklungsgang bei beiden Arten ein wesentlich verschiedener ist. Als solche der indischen Triasprovinz ausschliesslich angehörige Faunenelemente sind ferner die beiden Gruppen des *Ptychites Malletianus* Stol. und des *Ptychites Gerardi* Blanf. zu betrachten, die einen von allen bisher bekannten Ptychiten erheblich abweichenden Typus darstellen. *Ptychites Malletianus* erinnert durch die zahlreichen, niedrigen, wenig umhüllenden Windungen und den ungewöhnlich weiten Nabel an *Gymnites*, ist jedoch der Beschaffenheit seiner Loben zufolge ein echter Ptychit. *Ptychites Gerardi* Blanf., der Repräsentant der *Ptychites orbilobi*, ist durch den bogenförmigen, seitlich nach vorne gerichteten Verlauf der Lobenlinie charakterisirt, der den Suturen von *Cyclolobus* Waagen und *Joannites* Mojs. ähnelt. Der Gattung *Meekoceras*, beziehungsweise dem Subgenus *Beyrichites*, gehören zwei isolirte Formen, *Beyrichites Rudra* und *Beyrichites Gangadhara*, an, von denen die erstere ebenfalls bogenförmig angeordnete Loben, die letztere einen vielgezackten, auffallend schräge gestellten Nahtlobus besitzt. Auch die indischen Repräsentanten der Gattung *Acrochordiceras* lassen zu keiner alpinen Art nähere verwandtschaftliche Beziehungen erkennen.

Die Gattungen *Gymnites, Sturia, Buddhaites, Japonites, Acrochordiceras* und (?) *Ptychites* sind im Himalaya ausschliesslich auf den Muschelkalk beschränkt.[2] *Meekoceras* und *Ceratites*, die schon in der unteren Trias in mehreren Arten erscheinen, erreichen hier den Höhepunkt ihrer Entwicklung, während die in den Subrobustus-Schichten häufige Untergattung *Dannubites* im Muschelkalk der Hauptregion des Himalaya nur noch einen Vertreter besitzt.

Soweit innerhalb der Faunen des alpinen und des indischen Muschelkalkes paläontologische Analogien vorhanden sind, beschränken sich dieselben fast ausschliesslich auf solche Formen, welche in der alpin-mediterranen Triasprovinz für die Zone des *Ceratites trinodosus* bezeichnend sind. Dies gilt insbesondere für die häufigsten Arten, die man als die eigentlichen Leitformen des indischen Muschelkalkes betrachten darf, wie *Ceratites Thuilleri, Meekoceras (Beyrichites) Khanikofi, Gymnites Jollyanus* u. a. Die beiden Faunengebieten gemeinsamen oder doch überaus nahestehenden Arten, wie *Sturia Sansovinii* Mojs., *Proarcestes Balfouri* Oppel (? = *Escheri* Mojs.) und *Orthoceras campanile* Mojs. finden sich in der alpinen Trias ausschliesslich im Oberen Muschelkalk. Nur zwei indische Arten sind mit alpinen aus der Zone des *Ceratites binodosus* verwandt, *Ceratites Wetsoni* Oppel mit *C. Erasmi* Mojs. und *Ptychites cochleatus* Oppel mit *Pt. Studeri* Hauer, während eine, *Ceratites Vyasa* n. sp., sich an *C. Zoeianus* Mojs.

---

[1] E. v. Mojsisovics: »Über einige arktische Triasammoniten des nördlichen Sibirien.« Mém. de l'acad. impér. des sciences de St. Pétersbourg, VII. sér. T. XXXVI, Nr. 5, 1888, p. 20.

[2] Diese Thatsache wird durch das Vorkommen von *Sturia* und *Gymnites* in den rothen Klippenkalken des Chitichun Nr. 1 nicht alterirt.

aus den Buchensteiner Schichten, also der unmittelbar über dem Trinodosus-Horizont folgenden Zone des *Protrachyceras Curionii* anschliesst.

Soferne derartige paläontologische Analogien überhaupt eine Basis für eine schärfere Parallelisirung entfernter Gebiete abgeben können, darf man daher die Hauptmasse des Muschelkalkes im Himalaya wohl als dem Oberen Muschelkalk der alpin-mediterranen Triasprovinz gleichwerthig ansehen.

An Brachiopoden liegen, wie mir Herr Dr. A. Bittner mittheilte, aus der Hauptmasse des Muschelkalkes folgende Formen vor:

»*Spiriferina Spitiensis* Stoliczka, Westabhang des Silakank-Passes,

Terebratula aff. vulgaris Schloth., Shalshal Cliff, eine Form, die der europäischen Art ziemlich nahe steht,

und *Rhynchonella* cf. *trinodosi* Bittn. von Muth (Spiti), von der alpinen Art schwerlich unterscheidbar.«

Unter der Hauptmasse des Muschelkalkes ist in den Profilen des Shalshal Cliff und des Bambanag Cliffs eine Schichtgruppe unterschieden worden, der schon Griesbach in seiner Gliederung der Himalaya-Trias eine gewisse Selbstständigkeit zuerkannt hatte. Diese selten über 1 *m* mächtige Schichtgruppe besteht aus dunklen, manchmal erdigen Kalksteinen und enthält zahlreiche Brachiopoden mit der von Griesbach als *Rhynchonella semiplecta* var. bezeichneten Art als Leitform.

Herrn Dr. A. Bittner verdanke ich die nachstehenden Mittheilungen über die Brachiopodenfauna der Schichtgruppe mit *Rhynchonella semiplecta* von Griesbach:

»Diese »*Rhynchonella semiplecta*« hat nichts gemein mit der St. Cassianer Art dieses Namens, sondern der Name bezieht sich wohl auf die früher oft als *Rhynchonella* cf. *semiplecta* angeführte Art des alpinen Muschelkalkes, die ich *Rhynchonella trinodosi* genannt habe, und mit der sie allerdings Ähnlichkeit hat, ohne jedoch vollkommen identisch zu sein. Bereits bei Griesbach (Mem. XXIII. Geology of the Central Himálayas, p. 70, 143) erscheint diese *Rhynchonella* als *Rh. semiplecta* Münst. var. Sie muss einen neuen Namen erhalten und wird wohl, da Griesbach sie zuerst anführt, am geeignetsten

Rhynchonella Griesbachi nov. sp.

zu nennen sein.

Von Brachiopoden, die neben ihr auftreten, sind hervorzuheben:

Spirigera nov. sp., eine sehr indifferente, auf den ersten Blick einer *Terebratula* ähnliche Form.

Spiriferina Stracheyi Salter und eine ihr ähnliche, aber auffallend stark geflügelte Art von paläozoischem Aussehen.

Retzia nov. sp., eine ganz eigenthümliche *Retzia* (im weiteren Sinne), mit rudimentärer Area, daher an *Thecinella* Waagen erinnernd. Aus der alpinen Trias ist nichts Ähnliches bekannt.«

Aus dieser Schichtgruppe ist mir nur ein einziger Ammonit bekannt geworden, *Sibirites Prahlada* nov. sp., dessen Loben zwar noch auf der tiefen Entwicklungsstufe der arktischen Sibiriten stehen, der aber eine bedeutend reichere, an einige der geologisch jüngeren, obertriadischen Arten erinnernde Sculptur besitzt.

Der Horizont des *Sibirites Prahlada* dürfte beiläufig dem Unteren alpinen Muschelkalk gleichzustellen sein. Es ergibt sich dies einerseits aus dem Muschelkalk-Charakter der Brachiopodenfauna, andererseits aus den stratigraphischen Verhältnissen. Das Hangende dieses Horizontes bilden Ablagerungen mit einer typischen Fauna des Oberen Muschelkalkes, das Liegende die Schichten mit *Ceratites subrobustus* v. Mojs., deren oberste Bänke unmittelbar an der Grenze gegen den Horizont des *Sibirites Prahlada* bereits eine untertriadische Cephalopodenfauna führen.

Den Nachweis einer Vertretung untertriadischer Schichten im Central-Himalaya verdanken wir C. L. Griesbach, der in den Otoceras Beds die tiefste bisher bekannte Cephalopodenfauna des Buntsandsteins entdeckte. Auch die Auffindung eines höheren, den Subrobustus-Schichten entsprechenden, untertriadischen Cephalopodenhorizontes bei Muth in Spiti ist sein Verdienst. Obschon er bereits die Verschiedenheit beider

Faunen erkannte und auch in seinem Schema der Gliederung der Himalaya-Trias (Geology of the Central Himálayas, p. 70) zum Ausdruck brachte, unterliess er gleichwohl in seinen Detailschilderungen eine Trennung beider Niveaux, was übrigens insoferne gerechtfertigt erscheint, als ihm für eine faunistische Vertretung des Subrobustus-Horizontes in seinem Normalprofil — jenem des Shalshal Cliff bei Rimkin Paiar E. G. — keine genügenden Anhaltspunkte zu Gebote standen.

Eine Gliederung der Unteren Trias (Buntsandstein) in mindestens zwei Stufen kann, wie aus dem voranstehenden Berichte über die Aufnahmen unserer Expedition im Jahre 1892 hervorgeht, sowohl im Shalshal-Profil als in jenem von Kiunglung durchgeführt werden. Die höhere dieser beiden Stufen · mit *Ceratites subrobustus* v. Mojs. enthält einige bezeichnende Formen der von Griesbach im Jahre 1883 entdeckten untertriadischen Fauna von Muth in Spiti.

Diese letztere Fauna umfasst die nachfolgenden Arten:

Ceratites Mandhala n. sp.	*Meekoceras (Koninckites) Yudishthira* n. sp.
Danubites Purusha n. sp.	*Flemingites Salya* n. sp.
» *nivalis* n. sp.	» *Rohilla* n. sp.
» *Kapila* n. sp.	» sp. ind. aff. *trilobato* Waagen.
» cf. *trapezoidalis* Waagen	*Hedenstroemia Mojsisovicsi* Diener.
Aspidites superbus Waagen var.	» n. sp. ind. ex aff. *Mojsisovicsi*

Drei Formen: *Danubites nivalis*, *Danubites Purusha* und *Flemingites Rohilla* sind mit den Subrobustus Beds des Central-Himalaya von Painkhánda gemeinsam. Auch das Gesteinsmaterial, in welchem die meist verquetschten Steinkerne der Cephalopoden liegen, graue, Wellenkalk-ähnliche Platten mit gelblich anwitternder Oberfläche, ist durchaus ähnlich. Einer etwas tieferen, aus einem schwarzgrauen Kalk bestehenden Bank dieses Schichtcomplexes scheint bei Muth nur *Danubites nivalis* zu entstammen. Die übrigen Formen liegen unzweifelhaft in einer und derselben Schichtbildung, die, nach Griesbach's Aufsammlungen zu urtheilen, ausserordentlich fossilreich, aber noch sehr wenig ausgebeutet sein dürfte. An den von mir besuchten Localitäten enthält gerade der Subrobustus-Horizont leider nur sehr wenige, gut erhaltene Fossilreste, so dass die freilich nur unvollkommen bekannte Fauna von Muth noch immer als die reichste und wenigstens vorläufig für diesen Horizont typische gelten muss.

Was die Altersstellung der Subrobustus-Schichten betrifft, so ergibt sich die Parallelisirung mit den sibirischen Olenek-Schichten aus dem Auftreten von zwei vollkommen übereinstimmenden Arten in beiden, räumlich von einander so weit entfernten Ablagerungen. Es sind dies *Ceratites subrobustus* v. Mojs. und eine der Gattung *Hedenstroemia* Waagen angehörige Form, die von E. v. Mojsisovics als *Meekoceras* n. form. ind. ex aff. *M. Hedenstroemi* [1] beschrieben und abgebildet wurde, und für die ich zu Ehren des um unsere Kenntniss der Triasfaunen so hoch verdienten Autors den Namen *Hedenstroemia Mojsisovicsi* vorschlage.

In der Identität dieser beiden Arten sprechen sich die nahen Beziehungen der indischen zur arktisch-pacifischen Triasprovinz während der Buntsandstein-Periode deutlich genug aus, während solche Beziehungen zu den Werfner Schichten der alpin-mediterranen Trias, deren Cephalopoden-Horizont, wie E. v. Mojsisovics gezeigt hat, den Olenek-Schichten ungefähr gleichwerthig ist, nicht constatirt werden können. Es hat vielmehr den Anschein, als würden die Affinitäten zwischen den Faunen der beiden letzteren zoogeographischen Provinzen erst während der Zeit des unteren Muschelkalkes [2] sich geltend machen.

Im Übrigen zeigt die Cephalopoden-Fauna der Subrobustus-Schichten, die, wie später noch ausführlicher dargelegt werden soll, jener des Ceratiten-Sandsteines der Salt Range am nächsten steht, einige bemerkenswerthe Eigenthümlichkeiten. Beachtenswerth ist vor Allem das vollständige Fehlen trachyostraker Formen mit unterzähligen Loben. Die gleiche Erscheinung wiederholt sich in der Fauna des Otoceras

---

[1] E. v. Mojsisovics: »Über einige arktische Triasammoniten des nördlichen Sibirien.« Mém. de l'acad. impér. des sciences de St. Pétersbourg, VII. sér. T. XXXVI, Nr. 5, 1888, p. 10, Taf. II, III, fig. 13.
[2] Vergl. die Fauna der triadischen Klippenkalke von Chitichun mit *Proclydites Yasoda* und *Monophyllites Confucii*.

Beds. Bis heute ist aus der Trias des Himalaya noch kein einziger Vertreter der Gattung *Dinarites* v. Mojs. bekannt, die in der Fauna der Olenek-Schichten eine Hauptrolle spielt. Wie in der arktisch-pacifischen Triasprovinz fehlen auch in der Unteren Trias des Himalaya *Tirolites* und die von diesem Genus derivirten Formen. Dagegen fällt unter den Danubiten die merkwürdige Gruppe des *Danubites nivalis* [1] durch eine an *Tirolites* erinnernde Oberflächensculptur auf, die aus geraden, radial verlaufenden, am Marginalrande verdickten Rippen besteht.

Durch die Zahl der Arten (4) und Individuen am meisten hervorragend ist die Untergattung *Danubites* v. Mojs. Sonst ist aus der Abtheilung der *Trachyostraca* nur noch *Ceratites* durch zwei Arten vertreten, von denen die eine der Gruppe der *Subrobusti*, die andere der Gruppe der *Circumplicati* angehört. Unter den *Leiostraca* entfallen je zwei Arten auf *Meekoceras*, *Hedenstroemia* und *Lecanites* v. Mojs., drei auf *Flemingites* Waagen, je eine auf die Gattungen *Aspidites* Waagen und *Proptychites* Waagen. Von Nautileen sind *Nautilus*, *Pleuronautilus* und *Orthoceras* durch je eine specifisch nicht näher bestimmbare Form repräsentirt.

Sämmtliche aus dieser Fauna bisher bekannten Ammoniten besitzen mit Ausnahme von *Lecanites* ceratitische Loben, während Formen mit ammonitischer Lobenentwicklung in derselben noch nicht gefunden wurden. Doch muss man sich vor Augen halten, dass wir gerade von dieser Fauna eine im Verhältniss zu dem unzweifelhaften Formenreichthum derselben nur sehr geringe Zahl von Cephalopoden-Arten kennen und dass ein einigermassen vollständiges Bild derselben erst von der Untersuchung neuen, durch Ausbeutung der Subrobustus-Schichten in Spiti beizustellenden Materials erwartet werden darf.

Die Subrobustus-Schichten scheinen ebenso wie der Muschelkalk im Himalaya eine ziemlich weite, horizontale Verbreitung zu besitzen. *Danubites* cf. *nivalis* liegt mir in einigen Exemplaren von Banda in Kashmir, *Danubites Purusha* aus einem hellgrauen Kalkstein vom Südfusse des Dharma Nr. XI im Lissarthale vor.

Weit besser und vollständiger als die Fauna der Subrobustus Beds ist jene der Otoceras Beds durch die Arbeiten von Griesbach und die Aufsammlungen unserer Expedition bekannt geworden. Was wir über die horizontale Verbreitung dieser interessanten Schichtgruppe im Himalaya wissen, beruht ausschliesslich auf Griesbach's Aufnahmen. Wie aus den letzteren hervorgeht, ist die Schichtfolge der unter dem Muschelkalke liegenden Triasbildungen in Spiti genau dieselbe wie in Painkhânda. Der von ihm südöstlich von Muth entdeckten Cephalopodenfauna der Subrobustus Beds wurde bereits gedacht. An derselben Localität liegen an der Basis des untertriadischen Schichtcomplexes die Otoceras Beds mit:

† *Ophiceras Sakuntala* n. sp.[2] *Flemingites Gyerdeti* n. sp.
Nannites hindostanus n. sp.   *Danubites* sp. ind. ex aff. *D. rigido* Diener.
  »   *Herberti* n. sp.

Eine typische Fauna der Otoceras Beds enthalten Griesbach's Aufsammlungen von Khar in Spiti, nämlich:

Otoceras sp. ind.   † *Ophiceras Chamunda* n. sp.
† *Ophiceras tibeticum* Griesb.   *Danubites* sp. ind.
†   »   *serpentinum* n. sp.   † *Nautilus Brahmanicus* Griesb.

Noch von einer dritten Localität in Spiti, von Kuling im Thale des Pin River, sind Cephalopoden der Unteren Trias in Griesbach's Aufsammlungen vertreten, doch ist in diesem Falle eine Scheidung zwischen den den Otoceras Beds und den Subrobustus-Schichten zugehörigen Formen schwieriger, da die auf diese Localität bezüglichen Etiquetten nur die für die Untere Trias im Allgemeinen bezeichnende Signatur ohne

---

[1] Es sind dies die von E. v. Mojsisovics (Vorläufige Bemerkungen über die Cephalopoden-Fauna der Himalaya-Trias, Sitzungsber. kais. Akad. d. Wiss. Bd. Cl, 1892, S. 377) erwähnten »sehr windungsreichen, evoluten Ceratitiden, die wahrscheinlich zu *Dinarites* zu stellen sein werden, aber durch ihre Ähnlichkeit mit *Tirolites* auffallen«.

[2] Die mit † bezeichneten Arten sind mit solchen aus den Otoceras Beds von Painkhânda identisch.

näheren Hinweis auf einen bestimmten Horizont tragen. Den Otoceras Beds kann man die nachstehenden Formen mit Sicherheit zuweisen:

† *Otoceras Clivei* n. sp. *Meekoceras* sp. ind. ex aff. *plicatili* Waagen.
† *Proptychites Markhami* n. sp. † » (*Kingites*) *Varaha* n. sp.
† *Ophiceras tibeticum* Griesb. *Danubites planidorsatus* n. sp.
† » *Chamunda* n. sp. † » sp. ind. ex aff. *planidorsato*.

Ebenso bestimmt gehört der aus einem hellgrauen Kalksteine stammende *Danubites Purusha* n. sp. den Subrobustus Beds an. Zweifelhaft bleibt dagegen *Danubites ellipticus* nov. sp.

Eine ebenfalls auf das Niveau der Otoceras Beds hinweisende Fauna stammt von den Gehängen am östlichen Ufer des Lissar-Flusses in Johár, aus den von Griesbach in seinem Memoir auf Pl. VII dargestellten Profilen (section 1—4, insbesondere 4).

Diese Fauna umfasst die nachfolgenden Cephalopoden-Arten:

Danubites Lissarensis n. sp. † *Ophiceras Dharma* n. sp.
 » *planidorsatus* n. sp. † *Meekoceras boreale* n. sp.
 » *rigidus* n. sp. † » (*Koninckites*) *Vidarbha* n. sp.
 » *Sitala* n. sp.

Es ist bemerkenswerth, dass einer jeden dieser Faunen im Vergleiche mit der als typisch für die Otoceras Beds anzusehenden Fauna des Shalshal Cliff bei Rimkin Paiar ein bis zu einem gewissen Grade locales Gepräge innehaftet, und dass insbesondere die Gattung *Otoceras* nur an dem oben genannten Fundorte, von dem über 60°/₀ aller bisher bekannten Arten dieses Horizontes stammen, sich in grösserer Individuenzahl findet. Aus den Detailschilderungen geht ferner, wie dies auch bereits von Griesbach zu wiederholten Malen betont wurde, hervor, dass die fossilführenden Ablagerungen der Otoceras Beds beinahe ausschliesslich auf die fast unmittelbar über den permischen Productus Shales folgenden Schiefer und Kalke beschränkt sind und dass man aus den Schichten zwischen Bed 9 in Griesbach's Shalshal Cliff-Profil — 2·3 *m* über der Kalkbank mit *Otoceras Woodwardi* — und den höheren Kalksteinbänken, die die Fauna des Subrobustus-Horizontes führen, nur sehr wenige Versteinerungen kennt. Es ist daher bei einem Vergleiche mit den Triasbildungen anderer Gebiete, insbesondere mit jenen der Salt Range, die Thatsache wohl im Auge zu behalten, dass wir eine Fauna der Otoceras Beds, von wenigen Ausnahmen abgesehen,[1] strenge genommen nur aus den tiefsten Bänken dieser Schichtgruppe kennen.

Diese Fauna ist allerdings von jener der Subrobustus Beds wesentlich verschieden. Keine einzige Cephalopoden-Art erscheint nach dem gegenwärtigen Stande unserer Kenntniss als beiden Horizonten gemeinsam.

Die Zahl der bisher aus den Otoceras Beds bekannten Cephalopoden-Formen beträgt 12, beziehungsweise mit Hinzurechnung von 2 zweifelhaften Arten 14. Was den zoologischen Charakter dieser Fauna betrifft, so trägt dieselbe, wie schon Griesbach und E. v. Mojsisovics hervorhoben, die Merkmale einer tiefen Buntsandstein-Fauna, indem unter den Ammoniten die ceratitische Lobenentwicklung so allgemein vorherrscht, dass nur die als grosse Seltenheiten vorkommenden Vertreter der Gattungen *Medlicottia* Waag. und *Nannites* v. Mojs. eine Ausnahme von dieser Regel bilden.

Das Erscheinen der beiden letzteren Gattungen in den Otoceras Beds ist in mehrfacher Beziehung von Interesse. *Nannites* ist seit langer Zeit aus der Oberen Trias der Alpen bekannt und war in Folge dessen das Fehlen von Repräsentanten dieser alterthümlichen, durch ihr Verharren im goniatitischen Lobenstadium charakterisirten Gattung in älteren Triasbildungen umso auffallender. *Medlicottia* hingegen, die in den Otoceras Beds des Shalshal Cliff durch eine der permischen *M. Wynnei* Waag. aus den Cephalopoda Beds des Upper Productus Limestone der Salt Range sehr nahestehende Form vertreten wird, verleiht dem sonst ausgesprochen triadischen Gepräge jener Fauna einen paläozoischen Anstrich.

---

[1] Vergl. das sicher constatirte Vorkommen von *Ophiceras tibeticum* im Shalshal Cliff in einer 8½ *m* über dem Hauptlager des *Otoceras Woodwardi* gelegenen Schieferbank.

Die Abtheilung der *Ammoneu trachyostraca* ist ausschliesslich durch die Untergattung *Danubites* v. Mojs. repräsentirt, während echte Ceratiten noch zu fehlen scheinen. Da die Danubiten der Otoceras Beds bereits ausnahmslos vollzählige Loben mit einem individualisirten zweiten Lateralsattel besitzen, so müssen die den spiniplicaten Dinariten der Olenek-Schichten entsprechenden Stammformen derselben im indischen Faunengebiete in tieferen Schichten als die Unterste Trias gesucht werden.

Unter den *Leiostraca* überwiegen die *Ptychitinae* v. Mojs. weitaus. Neben denselben tritt nur *Medlicottia* aus der Familie der *Pinacoceratidae* mit einer einzigen Art und aus jener der *Arcestidae* die auch der arktischen Trias eigenthümliche Gattung *Prosphingites* v. Mojs. mit zwei Arten auf.

Durch Arten- und Individuenzahl weitaus dominirend ist die Gattung *Ophiceras* Griesb. (Typus *Ophiceras tibeticum* Griesb.), die der Subfamilie der *Gymnitinae* Waag. anzuschliessen sein dürfte und sich durch das Auftreten einer zarten, auf die Perlmutterschicht beschränkten und daher nur auf den Steinkernen sichtbaren Spiralstreifung von allen bisher beschriebenen Triasammoniten unterscheidet. Unter den 10 Arten dieser Gattung kann *O. Sakuntala*, von dem ich im Ganzen 147 Exemplare zu untersuchen Gelegenheit hatte, gewissermaassen als Leitform gelten. Der Subfamilie der *Gymnitinae* gehört ferner das neu aufzustellende Genus *Vishnuites* an, das sich zunächst an *Xenaspis* Waag. (Typus *X. carbonaria* Waag.) anschliesst, aber durch eine scharfe, an *Pinacoceras* erinnernde Externseite unterschieden ist. desgleichen die Gattung *Flemingites* Waag., die in dieser Schichtgruppe in *Fl. Guyerdeti* ihren geologisch ältesten Vertreter findet. *Proptychites* Waag. ist durch 3, *Meekoceras* durch 6 Arten vertreten. Von den letzteren entfallen je eine auf die Subgenera *Koninckites* Waag. und *Kingites* Waag. Das auch in den Ceratiten-Schichten der Salt Range verbreitete Genus *Prionolobus* Waag. hat nur einen einigermaassen zweifelhaften Repräsentanten geliefert.

Otoceras Griesb.,[1] das dieser Schichtgruppe den Namen gegeben hat, erscheint mit 6 Arten. Diese Gattung theilt mit *Hungarites* v. Mojs., welches Genus gleichfalls in den Otoceras Beds durch eine specifisch nicht bestimmbare Form vertreten ist, den hohen Mittelkiel auf der von Marginalkanten begrenzten Externseite, besitzt aber abweichend von *Hungarites* eine aufgetriebene Nabelkante und einen bloss zweispitzigen Externlobus. Sie ist durch ihre sehr beschränkte verticale Verbreitung bemerkenswerth. Man kennt sie ausserhalb der tiefsten Triasbildungen des Himalaya nur noch aus dem Oberen Perm von Djulfa in Armenien.

Aus der Ordnung der *Nautilea* ist nur *Nautilus Brahmanicus* Griesb. zu nennen, den Griesbach selbst für eine blosse Varietät des *N. quadrangulus* Beyr. ansah, der jedoch in die durch die externe Lage des Sipho ausgezeichnete Gruppe des *Nautilus Barrandei* gestellt werden muss.

Was die Altersstellung der Otoceras Beds des Himalaya betrifft, so sind dieselben von Griesbach und Waagen[2] den Otoceras Beds von Djulfa gleichgestellt und als wahre »Passage Beds«, als ein Übergangsglied der permischen und triadischen Bildungen betrachtet worden. Dagegen hält E. v. Mojsisovics[3] dieselben zwar in Übereinstimmung mit Griesbach für älter als den Cephalopoden-Horizont der alpinen Werfner Schichten, aber doch für jünger als die Otoceras-Schichten von Djulfa, da die in den letzteren erscheinenden Formen von *Otoceras* auf einer tieferen Entwicklungsstufe stehen, als jene der indischen Otoceras Beds.

Das Ergebniss meiner monographischen Bearbeitung der Fauna der Otoceras Beds des Himalaya lässt keinen Zweifel darüber, dass die Frage im Sinne von E. v. Mojsisovics entschieden werden muss.

Die von Abich[4] beschriebene, von V. v. Möller[5] revidirte, permische Fauna der Araxes-Enge bei Djulfa stammt aus grauen Kalken mit Zwischenlagen von thonigen Mergeln, und zwar liegen, wie Abich

---

[1] C. L. Griesbach, Palaeontological Notes on the Lower Trias of the Himalayas. Rec. Geol. Surv. of India, XIII, p. 94.
[2] W. Waagen, Salt Range Fossils. Pal. Ind. ser. XIII, vol. IV, pt. 2. Geological Results, p. 215, 232.
[3] Sitzungsber. d. kais. Akad. d. Wiss. 1892, Bd Cl, S. 377.
[4] H. Abich, »Geologische Forschungen in den kaukasischen Ländern«. I. Th. Eine Bergkalkfauna aus der Araxes-Enge bei Djoulfa in Armenien. Wien 1878.
[5] V. v. Moeller, »Über die bathrologische Stellung des jüngeren paläozoischen Schichtensystems von Djoulfa in Armenien.« Neues Jahrb. . Miner. etc. 1879, S. 225.

(l. c. p. 6) ausdrücklich angibt, die Cephalopoden mit den permischen Brachiopoden vergesellschaftet. Unter den Cephalopoden befinden sich, wenn man von den auf allzu fragmentarisch erhaltene Stücke gegründeten Arten absieht, die nachstehenden Formen:

Nautilus tuberculatus Abich.
» parallelus Ab.
» dorsoarmatus Ab.
» dorsoplicatus Ab.
» cornutus Golowinsky.
Orthoceras transversum Ab.
» bicinctum Ab.
» turritellum Ab.
» margaritatum Ab.

Orthoceras annulatum Sow.
» cribrosum Geinitz.
Gastrioceras Abichianum v. Moeller.
Otoceras tropitum Ab.
» trochoides Ab.
» (?) intermedium Ab.
» (?) pessoides Ab.
Hungarites Djulfensis Ab.

Die Otoceras-Formen von Djulfa sind durch einen einfacheren Lobenbau, insbesondere durch die mangelnde Individualisirung der Hilfsloben von den Otoceras-Formen des Himalaya unterschieden. Davon abgesehen, erscheinen sie in Begleitung von Cephalopoden-Typen von einem ausgeprägt paläozoischen Habitus. Nautilus cornutus findet sich im oberen Perm Russlands wieder, während von den 4 übrigen Nautilen 3, wie Waagen gezeigt hat, ihre nächsten Verwandten im Mittleren und Oberen Productus-Kalk der Salt Range besitzen. Orthoceras annulatum ist eine carbonische Form, Orthoceras cribrosum eine permische aus Marcou's Etage C. c.V. von Nebraska-City. Unter den Ammoniten verleiht, wie ebenfalls von Waagen betont wurde, die schon im Permocarbon Russlands auftretende Gattung Gastrioceras der Cephalopoden-Fauna von Djulfa einen entschieden paläozoischen Anstrich. Gerade die diesem Genus angehörige Form aber ist nach Abich's Mittheilungen (l. c. p. 11) die an Individuenzahl unter den Ammoniten von Djulfa am meisten hervorragende. In den Otoceras Beds des Himalaya hingegen ist den Cephalopoden-Typen mit ausgeprägt untertriadischem Habitus, wie Danubites, Ophiceras, Flemingites, Proptychites, Meekoceras und Prosphingites nur eine einzige permische Gattung, Medlicottia, beigemischt, die überdies nur als grosse Seltenheit in diesen ausserordentlich fossilreichen Ablagerungen auftritt.

Ich schliesse mich daher in der Altersbestimmung der Otoceras Beds des Himalaya der Ansicht von E. v. Mojsisovics an, dass dieselben an der Basis des Buntsandsteins, hart an der Permgrenze liegen.

Die Fauna der Otoceras Beds, speciell die des Hauptlagers derselben mit Otoceras Woodwardi stellt uns nach dem gegenwärtigen Stande unserer Erfahrungen die tiefste bisher bekannte Cephalopoden-Fauna der Unteren Trias dar. Sie ist etwas jünger als jene des Otoceras-Niveaus von Djulfa, aber älter als der Cephalopoden-Horizont der alpinen Werfner Schichten oder als die sibirischen Olenek-Schichten.

Eine Fauna von so tieftriadischem Gepräge, dass ich sie den indischen Otoceras Beds als beiläufig gleichwerthig anzusehen geneigt bin, liegt mir in den Aufsammlungen des Bergingenieurs Iwanow von der Insel Russkij und der Umgebung der Ussuri-Bucht bei Wladiwostok in der ostsibirischen Küstenprovinz vor.

Ich habe die von Iwanow auf seiner Expedition in das südliche Ussuri-Gebiet gesammelten Triascephalopoden für die Mémoires du Comité géologique de la Russie kürzlich bearbeitet. In den Aufsammlungen Iwanow's sind, wie ich an anderer Stelle[1] ausführlicher auseinandergesetzt habe, zwei triadische Horizonte faunistisch vertreten, der Muschelkalk mit Monophyllites sichotiens nov. sp., Ptychites (Gruppe der Rugiferi) und Acrochordiceras sp. ind., und ein Niveau der Unteren Trias, das durch die Ammonitengattungen Proptychites Waag., Koninckites Waag., Kingites Waag., Ophiceras Griesb., Meekoceras Hyatt, Xenaspis Waag., Ussuria nov. gen., Pseudosageceras nov. gen., Dinarites, Danubites und Ceratites charak-

---
[1] Mittheilungen über triadische Cephalopodenfaunen von der Ussuri-Bucht und der Insel Russkij in der ostsibirischen Küstenprovinz. Sitzungsber. kais. Akad. d. Wiss. mathem.-naturw. Cl. Wien, Bd. CIV, 1. Abth., S. 208, und »Triadische Cephalopodenfaunen der ostsibirischen Küstenprovinz.« Mémoires du Comité Géologique de la Russie, Vol. XIV, Nr. 3, St. Petersbourg 1895.

terisirt wird. Diese untertriadische Fauna, in der *Proptychites hiemalis* Dien. und *Kingites Varaha* Dien. durch ihre Individuenzahl vor allen anderen Formen überwiegen, enthält keine einzige mit einer solchen der Olenek-Schichten identische oder auch nur nahe verwandte Art, wohl aber drei mit den Otoceras Beds gemeinsame Formen, nämlich:

Meekoceras boreale Dien. | *Ophiceras* cf. *Sakuntala* Dien.
Kingites Varaha Dien.

ferner in *Danubites Nicolai* Dien. und in *Nautilus* sp. aff. *quadrangulo* Beyr., zwei dem *Danubites himalayanus* Griesb., beziehungsweise dem *Nautilus Brahmanicus* Griesb. sehr nahe stehende Formen, während eine weitere Art, *Ceratites minutus* Waag., mit einer Form aus den Ceratite Marls der Salt Range identisch ist.

Es erübrigt mir noch, die bisher besprochenen Abtheilungen der Himalaya-Trias mit den Triasbildungen der Salt Range zu vergleichen, nachdem bereits E. v. Mojsisovics die Möglichkeit einer Parallelisirung der Fauna von Muth mit den Ceratiten-Schichten angedeutet hat (Sitzungsber. Akad. 1892, l. c., p. 376).

Nachdem mir durch das liebenswürdige Entgegenkommen der Herren Professor W. Waagen[1] und Director C. L. Griesbach, denen ich dafür zu besonderem Danke verpflichtet bin, die Möglichkeit geboten war, bei meiner Bearbeitung der untertriadischen Cephalopodenfaunen des Himalaya die Correcturbogen der grossen Monographie von Waagen über die Cephalopoden der Salt Range-Trias, ebenso wie das noch in Wien befindliche Versteinerungsmaterial mit Waagen's Originalexemplaren zu benützen, so bin ich in der Lage, jene Anknüpfungspunkte näher zu präcisiren, welche die Schichtfolge und die einzelnen Cephalopoden-Faunen in den beiden obengenannten Territorien bieten.

Die Triasbildungen der Salt Range zerfallen nach Waagen's Angaben[2] in drei grosse Abtheilungen, die beiläufig dem Buntsandstein, dem Muschelkalk und der Oberen Trias entsprechen, nämlich in die Ceratiten-Schichten im engeren Sinne, in die Bivalvenkalke und in die Dolomit-Gruppe. An der Basis der Ceratiten-Schichten liegen über den Chidru Beds des Upper Productus Limestone zunächst fossilleere Sandsteine und Schiefer. Über diesen folgen die Unteren Ceratiten-Kalke, dann die Ceratiten-Mergel, endlich die Ceratiten-Sandsteine. Die letzteren, mit denen die eigentlichen Ceratiten-Schichten zum Abschlusse kommen, gliedern sich abermals in drei Untergruppen: in die Unteren Ceratiten-Sandsteine, die Stachella Beds und die Schichten mit *Flemingites Flemingianus* de Kon. Die Bivalven-Kalke zerfallen in zwei Unterabtheilungen, in die Oberen Ceratiten-Kalke und in die Bivalven-Schichten im engeren Sinne. Die Dolomit-Gruppe wird von den (muthmasslich rhätischen) Schichten der »Variegated series« discordant überlagert.

Die einzige triadische Schichtgruppe des Himalaya, die eine Parallelisirung mit einer solchen der Salt Range unmittelbar gestattet, sind die Subrobustus Beds. Es sind insbesondere die folgenden Arten des Subrobustus-Horizontes:

Himalaya.	Salt Range.
Aspidites superbus Waag. var.	*Aspidites superbus* Waag.
Meekoceras cf. *fulguralo* W.	*Meekoceras fulguralum* W.
Koninckites Yudishthira	*Koninckites Igellianus* de Kon.
Proptychites aff. *obliqueplicato* W.	*Proptychites obliqueplicatus* W.
Flemingites Rohilla	*Flemingites glaber* W.
» *Salya*	» *compressus* W.
» sp. ind. ex aff. *trilobato*	» *trilobatus* W.
Danubites cf. *trapezoidalis* W.	*Danubites trapezoidalis* W.,

---

[1] Ich erfülle eine angenehme Pflicht, indem ich an dieser Stelle Herrn Professor W. Waagen für die vielfache Unterstützung, die er mir bei der Bearbeitung der untertriadischen und permischen Fossilien des Himalaya angedeihen liess, meinen verbindlichsten Dank ausspreche.

[2] Salt Range Fossils. Pal. Ind. ser. XIII, vol. II. Fossils from the Ceratite formation und W. Waagen, »Vorläufige Mittheilungen über die Ablagerungen der Trias in der Salt Range.« Jahrb. d. k. k. geol. Reichsanst. 1892, Bd. 42, S. 377.

die mit den nebenstehenden Formen aus der Salt Range sehr nahe verwandt, zum Theile, wie *Aspidites superbus* und *Meekoceras fulguratum*, vielleicht direct identisch sind.

Alle die erwähnten Salt Range-Formen — mit Ausnahme von *Meekoceras fulguratum* und *Danubites trapezoidalis* — gehören dem Ceratiten-Sandstein, und zwar vorzugsweise den beiden höheren Abtheilungen desselben an. Wenn man bedenkt, wie vergleichsweise ärmlich das bisher bekannte Versteinerungsmaterial der Subrobustus Beds ist, so wird man die nahen Beziehungen zu der Fauna der Ceratiten-Sandsteine um so höher anschlagen müssen und an einer Parallelisirung der letzteren Schichtgruppe mit den Subrobustus Beds des Himalaya um so weniger Anstand nehmen können.

Ebenso bestimmt lässt sich gerade mit Rücksicht auf die Kenntniss eines sehr reichen Versteinerungsmaterials aus dem Otoceras-Hauptlager sagen, dass Anklänge an die Fauna desselben in den tieferen Faunen der Salt Range-Trias nur in viel beschränkterem Maasse vorhanden sind, und pflichte ich Waagen in seiner Ansicht bei, dass dem Otoceras-Hauptlager des Central-Himalaya in der Salt Range die fossilleeren Sandsteine und Schiefer über den Chidru Beds an der Basis der Unteren Ceratiten-Kalke entsprechen.

Einige derartige Anklänge finden sich allerdings in der Fauna der Unteren Ceratiten-Kalke, wo *Proptychites discoides* Waag. nahe verwandtschaftliche Beziehungen zu einem specifisch nicht bestimmbaren *Proptychites* von Kiunglung, *Prionolobus Buchianus* Waag. (de Kon.?) solche zu *Danubites Lissarensis*, die Gruppe des *Gyronites plicosus* Waag. endlich solche zu *Danubites rigidus* Dien. zeigen, während die Leitform der Otoceras Beds, *Ophiceras Sakuntala*, in den Unteren Ceratiten-Kalken durch den diesem möglicher Weise verwandten *Gyronites frequens* Waag. vertreten wird. Dieser setzt gleich *Ophiceras Sakuntala* in ganz ausserordentlicher Individuenzahl die harten, hellgrauen Kalkbänke, deren Leitfossil er ist, zusammen, unterscheidet sich jedoch von der Himalaya-Art durch die biangulare, von Marginalkanten begrenzte Externseite.

Eine äusserliche Ähnlichkeit besteht zwischen dem Otoceras-Hauptlager und den Unteren Ceratiten-Kalken insoferne, als beide eine Cephalopodenfacies darstellen. Nichtsdestoweniger muss schon der Umstand zur Vorsicht in einer Parallelisirung jener beiden Bildungen mahnen, dass nähere verwandtschaftliche Beziehungen nur bei solchen Formen obzuwalten scheinen, die im Himalaya ungewöhnlich selten, zum Theile überhaupt nur unvollständig bekannt sind, und dass jedenfalls die bezeichnendsten Faunenelemente der Otoceras Beds den Unteren Ceratiten-Kalken durchaus fremd sind, was wieder gerade mit Rücksicht auf die facielle Gleichartigkeit beider Bildungen besonders schwer ins Gewicht fällt. Die einzige Thatsache, die man zu Gunsten einer Parallelisirung beider Faunen anführen könnte, ist das Vorkommen von *Ceratites minutus* Waag. aus den Ceratite Marls in den Proptychites-Schichten der Insel Russkij in Gesellschaft mit Ammoniten der Otoceras Beds. Gleichwohl erscheint mir in Anbetracht der geringen sonstigen Ähnlichkeiten die Annahme viel ungezwungener, dass dem Otoceras-Hauptlager des Himalaya in der Salt Range die fossilleeren Schiefer und Sandsteine an der Basis des Unteren Ceratiten-Kalkes entsprechen und dass der letztere selbst, ebenso wie die Ceratiten-Mergel, jenem Complex fossilarmer Schiefer und Kalke gleichwerthig ist, die sich im Himalaya zwischen die nahe der Permgrenze gelegenen Bänke mit der Otoceras-Fauna und die Subrobustus Beds einschalten. Sie fallen auf diese Weise allerdings noch in den Rahmen des in den Detailschilderungen als Otoceras Beds bezeichneten Schichtcomplexes, aber in eine obere Abtheilung desselben, deren Fauna uns vorläufig noch fast unbekannt ist.

Ungleich minder klar ist die Altersstellung der Oberen Ceratiten-Kalke. Sieht man von den als *Monophyllites* (?), *Ceratites angularis* etc. beschriebenen, von Waagen selbst als zu einer sicheren Bestimmung ungeeignet bezeichneten Bruchstücken ab, so bleiben als typische Faunenelemente vorwiegend solche Formen, wie *Prionites*, *Stephanites* oder die ganz eigenartigen Repräsentanten der Gattung *Sibirites* übrig, die gar keine Analogien zu bereits bekannten Typen anderer Triasterritorien bieten. Nur so viel steht fest, dass dieselben ebenso wie die Ammoniten des Ceratiten-Sandsteins noch durchwegs eine ceratitische Ausbildung der Suturlinie zeigen und jedenfalls ihrer Entwicklung nach einem tieferen Niveau als die Fauna der Hauptmasse des Muschelkalkes im Himalaya angehören. Da jedoch der Untere Muschelkalk in der Hauptregion des Himalaya durch eine Brachiopodenfacies repräsentirt wird, aus der ich nur eine einzige Cephalopodenform, *Sibirites Prahlada*, namhaft machen kann, so bleibt immerhin die Frage offen, ob die Oberen Ceratiten-Kalke noch als Buntsandstein, oder, wie Waagen (Jahrb. d. k. k. Geol. Reichsanst., I. c., S. 385) annimmt, bereits als Muschelkalk anzusehen seien.

Zu Gunsten einer Auffassung der Oberen Ceratiten-Kalke als ein Äquivalent des Unteren Muschelkalkes lässt sich die Ähnlichkeit einiger Ceratiten mit solchen des alpinen Muschelkalkes und die relative Häufigkeit von *Acrochordiceras* anführen, obwohl der geologisch älteste Vertreter der letzteren Gattung, *A. atavum* Waag., bereits im Lower Ceratite Sandstone, also einer zweifellos untertriadischen Schichtgruppe, erscheint. Für eine Zuweisung der Oberen Ceratiten-Kalke zum Buntsandstein spricht das Vorkommen von mit *Meekoceras fulguratum* Waag. und *Danubites trapezoidalis* Waag. wahrscheinlich identischen Arten in den Subrobustus Beds des Himalaya, das Aufsteigen von *Celtites acuteplicatus* Waag. aus den Stachella Beds bis in die Oberen Ceratiten-Kalke und die nahe Verwandtschaft von *Dinarites dimorphus* Waag. mit *D. glacialis* v. Mojs. aus den Olenek-Schichten, eine Verwandtschaft, die entschieden grösser ist, als jene zwischen *Ceratites disulcus* Waag. und *C. binodosus* Hauer, oder zwischen *Ceratites Murchisonianus* Waag. und *C. Erasmi* v. Mojs.

Noch ein Umstand scheint mir zu Gunsten der letzteren Auffassung ins Gewicht zu fallen. Es sind nämlich, wie an anderer Stelle ausführlich dargelegt werden wird, in der Klippenregion von Chitichun, auf tibetanischem Gebiete ausserhalb der Hauptregion des Himalaya durch unsere Expedition triadische Bildungen in Hallstätter Facies bekannt geworden, deren Fauna in ihrem zoologischen Charakter auf ein tiefes Muschelkalk-Niveau hinweist. In dieser Fauna treten jedoch die Formen mit ceratitischen Loben gegen jene mit phylloider oder monophyllischer Entwicklung der Suturlinie bereits sehr erheblich in den Hintergrund. Freilich liefert auch diese Thatsache keinen entscheidenden Beweis gegen die Zulässigkeit einer Parallelisirung der Oberen Ceratiten-Kalke mit dem Unteren Muschelkalk der Hauptregion des Himalaya, so lange man noch keine Cephalopodenfauna aus dem letzteren kennt. Schliesslich wäre auch die Annahme statthaft, dass die Salt Range, deren Entfernung von Spiti ca. 450 *km* beträgt, zur Zeit des Muschelkalkes dem Himalaya gegenüber eine ähnliche Stellung einnahm, wie das germanische Triasbecken gegenüber der alpinen Region. In der That scheinen wenigstens die Bivalven-Schichten und die darüber folgende Dolomit-Gruppe in der Salt Range Bildungen zu repräsentiren, denen im Central-Himalaya nichts Ähnliches an die Seite gestellt werden kann. Für die Altersstellung dieser beiden letzteren Schichtgruppen fehlen vorläufig noch genügende Anhaltspunkte. Für die Bivalve Beds mit *Lecanites laqueus* Waag. und *L. planorbis* Waag. sind solche wohl noch aus der Bearbeitung der Nautilen- und Bivalven-Fauna zu erwarten. In den Top Beds der Dolomit-Gruppe ist *Pseudharpoceras spiniger* das einzige Fossil, das auf eine Vertretung der Oberen Trias in der Salt Range hinweist.

Dass die Beziehungen zwischen den untertriadischen Faunen der Salt Range und des Himalaya nicht heute schon schärfer hervortreten, scheint mir in einem rein äusserlichen Umstande begründet, darin nämlich, dass wir gerade die Fauna der Subrobustus Beds, beziehungsweise jene von Muth in Spiti, noch sehr unvollständig kennen, dass die Fauna der Schiefer und Kalke unter dem Subrobustus-Niveau noch so gut wie unbekannt ist, und dass endlich der Untere Muschelkalk im Central-Himalaya in einer Brachiopodenfacies entwickelt ist, deren Fauna einen näheren Vergleich mit jener der Oberen Ceratiten-Kalke nicht gestattet.

Die Beziehungen der Triasbildungen des Himalaya vom Alter des Buntsandsteins und des Muschelkalkes zu den gleichalterigen Ablagerungen anderer Gebiete sind auf der hier eingeschalteten Übersichtstabelle ersichtlich gemacht.

		Alpen	Himalaya Hauptregion	Klippenregion von Chitichun	Djulfa	Salt-Range	Nord-Sibirien	Ussuri-Gebiet	Spitzbergen	Westliches Nord-Amerika	
Muschelkalk		Oberer Muschelkalk (Z. des *Ceratites trinodosus*)	Muschelkalk mit *Ptychites rugifer*, *Meekoceras (Beyrichites) Khanikofi*, *Ceratites Thuilleri* etc.				Bivalven-Schichten (?)			Daonella-Kalke vom Eisfjord	
		Unterer Muschelkalk (Z. des *Ceratites binodosus*)	Brachiopodenführende, erdige Kalksteine mit *Sibirites Prahlada*	Rothe Klippenkalke von Chitichun mit *Procladiscites Yasoda*, *Monophyllites Confucii* etc.	Rhizocoralien-platten (?)	Obere Ceratiten-Kalke (?)	Kalksteine von Mengliftoh mit *Meekoceras (Beyrichites) affine* und *Hungarites triformis*	Sandsteine mit *Monophyllites siebotlensi*, *Ptychites* und *Acrochordi-ceras*		Posidonomya-Kalke vom Eisfjord	Schichten mit *Pseudomonotis idahoensis* (?)
Untere Trias (Buntsandstein)		Werfner Schichten	Cephalopoden-Horizont der Werfner-Schichten (Z. des *Tirolites cassianus*)	Subrobustus Beds mit *Ceratites subrobustus*, *Flemingites Robilla* etc.		Ceratiten-Sandstein	Olenek-Schichten mit *Ceratites subrobustus*, *Dinarites glacialis* etc.				Meekoceras Beds von Idaho	Koipato-Gruppe
				Fossilarme Schiefer und Kalke mit *Ophiceras tibeticum* Griesb.	Schieferig-kalkige Bänke mit *Pseudomonotis* cf. *Clarai* und *Tirolites* (?)	Ceratiten-Mergel		Sandsteine mit *Proptychites hiemalis*, *Kingites Varaha* etc.				
				Horizont des *Otoceras Woodwardi*		Untere Ceratiten-Kalke						
						Versteinerungsleere Sandsteine und Schiefer						
Perm		Bellerophonkalke von Süd-tirol		Productus Shales mit *P. Abichi*, *P. cancrini* etc.	Horizont des *Otoceras tropitum* und *Gastrioceras Abichianum*	Upper Productus-Limestone	Chidru-Beds, Jabi-Beds (Cephalopoden flora.)					

Geologische Expedition in den Central-Himalaya. 581

Die Obere Trias beginnt im Central-Himalaya unmittelbar über dem Muschelkalke mit Schichten, welche die Fauna der Aonoides-Zone enthalten.

Ich habe in meiner Monographie der Muschelkalk-Cephalopoden des Himalaya darauf hingewiesen, dass diese Schichtfolge in auffallender Weise an analoge Verhältnisse innerhalb der Hallstätter Entwicklung des Salzkammergutes (nach E. v. Mojsisovics) und auch innerhalb der Reiflinger- und Partnach-Entwicklung in der alpinen Trias erinnert, wo »über dem Muschelkalke als nächster fossilführender Horizont die Zone des *Trachyceras Aonoides* folgt, mithin die ganze norische Stufe und die Cassianer Schichten entweder fehlen, oder blos durch ungenügend charakterisirte, fossilarme Ablagerungen von verschwindend geringer Mächtigkeit vertreten sind.«[1] Ich muss jedoch hinzufügen, dass ich weit davon entfernt bin, mit diesem Vergleiche etwa eine Übereinstimmung der Schichtfolge im Shalshal Cliff mit jener in Gebieten der Reiflinger- oder Partnach-Entwicklung hervorheben zu wollen. An der oberen Grenze der Reiflinger Kalke gegen den Lunz-Raibler Schichtcomplex macht sich, wie Bittner[2] zu wiederholten Malen betont hat, häufig ein rascher Wechsel der Facies und eine grosse Veränderlichkeit in der Gesteinsbeschaffenheit geltend. Zugleich treten an dieser oberen Grenze der Reiflinger Kalke, und zwar über jenen Bänken, die (z. B. bei Grossreifling selbst) eine echte Muschelkalk-Fauna führen, Einlagerungen von Mergelschiefern auf, deren Fauna (z. B. *Daonella Lommeli*) »den Nachweis gewisser südalpiner Horizonte« in den Obersten Reiflinger Kalken ermöglicht. Im Shalshal Cliff liegt die Sache insoferne anders, als hier noch die unmittelbar unter den Crinoidenkalken mit der Fauna der Aonoides-Zone gelegenen Bänke die bezeichnenden Ptychiten des Oberen Muschelkalkes[3] führen. Eine Unregelmässigkeit oder Discordanz zwischen beiden Bildungen habe ich an jener Stelle nicht beobachtet; vielmehr ist die stratigraphische Verknüpfung derselben eine so enge, dass ich in meinen Originalprofilen jene Crinoidenkalke über den Ptychitenbänken wohl ausgeschieden, aber noch als ein Glied des Muschelkalkes betrachtet habe, bis Herr Oberbergrath v. Mojsisovics durch die Untersuchung des Versteinerungsmaterials ihre Zugehörigkeit zur Aonoides-Zone feststellte. Während daher ein Profile von Lunz eine Lücke in der Schichtfolge, wie Bittner ausdrücklich hervorhebt, nicht existirt, wenngleich die Mächtigkeit der zwischen dem Oberen Muschelkalk (*Trinodosus*-Zone) und dem Lunz-Raibler Schichtcomplex gelegenen Schichtgruppen ausserordentlich reducirt ist, scheint mindestens eine faunistische Lücke im Shalshal Cliff zwischen den Ptychitenbänken des Muschelkalkes und den Crinoidenkalken der Aonoides-Zone allerdings vorhanden zu sein, da die Fauna des indischen Muschelkalkes keine Anhaltspunkte für die Annahme bietet, dass in derselben noch geologisch jüngere Elemente, als solche der Trinodosus-Zone vertreten seien.

Eine Darstellung der faunistischen Verhältnisse der obertriadischen Schichtbildungen des Himalaya und ihrer Beziehungen zu ausserindischen Territorien liegt nicht im Plane dieser Arbeit, da eine solche von Herrn Oberbergrath E. v. Mojsisovics auf Grundlage seiner monographischen Bearbeitung der obertriadischen Cephalopoden des Himalaya gegeben werden wird. Ich begnüge mich daher, an dieser Stelle als eines der Ergebnisse jener Untersuchungen die Thatsache anzuführen, dass »die gleiche Reihenfolge homotaxer Faunen in der indischen und in der mediterranen Provinz besteht«,[4] und füge nur noch hinzu, dass die stratigraphische Aufeinanderfolge der jene Faunen umschliessenden Schichtgruppen durch die klaren, unzweideutigen Aufschlüsse im Shalshal Cliff-, Bambanag- und Utadhura-Jandi-Profile sichergestellt erscheint.

Ich schliesse diese Ausführungen mit der nachstehenden Übersicht der Gliederung der Himalaya-Trias in Painkhánda und Johár:

---

[1] E. v. Mojsisovics, »Die Hallstätter-Entwicklung der Trias.« Sitzungsber. d. kais. Akad. d. Wiss. Wien. Bd. CI, Abth. I, October 1892, S. 777.
[2] Verhandl. d. k. k. geol. Reichsanst. 1801, S. 320; 1803, S. 398; 1803, S. 83 u. 103; 1804, S. 281 u. 370.
[3] Unter der Bezeichnung: »Oberer Muschelkalk« ist hier nur die *Trinodosus*-Zone verstanden und ist der Name nicht in einem weiteren Sinne wie bei Skuphos, v. Wöhrmann, Salomon u. A. gebraucht.
[4] E. v. Mojsisovics: »Die Cephalopoden der Hallstätter Kalke.« II. Th., Bd. VI der Abhandl. der k. k. geol. Reichsanst. 1803, S. 837.

			Mittl. Mächtigkeit in M.	Signatur bei Griesbach
		Name der Schichtgruppe		
Obere Trias	Hochgebirgskalke der Ob. Trias (Dachsteinkalk pro parte)	Megalodus-Kalkstein	60	15
		Geschichtete Kalksteine mit *Lithodendron* und *Crinoiden*	350	
		Massige oder dickbankige Dolomite und Kalksteine	200	14
	Sagenites Beds	Leberbraune Kalksteine mit *Sagenites* sp. ind.	30—50	13₆
	Spiriferina Griesbachi-Beds	Hellgraue dolomitische Kalksteine mit zahlreichen Brachiopoden . .	100	13₅
	Halorites Beds	Dunkle Schiefer und Kalke, an der Basis eine Kalksteineinlagerung mit *Halorites procyon*, *Parajuvavites Blanfordi*, *Thetidites*, *Steinmannites*, *Clionites*, *Tibetites*, *Sandlingites*, *Hauchecornites*. *Pharites*, *Arcestes Leonardii* etc.	30—60	12₁
	Hauerites Beds	Knollenkalke mit *Hauerites* sp. ind. und *Pinacoceras* aff. *Imperator* .	20—30	
	Carnische Stufe { Daonella Beds	Schiefer und Kalke mit *Cladiscites* cf. *subtornatus*, *Jovites* sp., *Daonella* sp., *Halobia* sp.	200—250	12₁, ₂, ₃
	Crinoidenkalk	mit *Joannites* cf. *cymbiformis* und *Trachyceras* cf. *austriacum* . . .	3	
Muschelkalk	Ob. Muschelkalk	Massige Knollenkalke und geschichtete Kalke mit *Ptychites rugifer*, *Meekoceras (Beyrichites) Khanikofi*, *Ceratites Thuilleri*, *Buddhaites Rama* etc.	15—40	11₁
	Unterer Muschelkalk	Erdige Kalksteine mit *Sibirites Prahlada*	1—1¹/₂	11₃
Untere Trias	Subrobustus Beds	Kalke und Schiefer mit *Ceratites subrobustus*; *Hedenstroemia Mojsisovicsi*, *Flemingites Rohilla* etc.	10	10₂
	Otoceras Beds	Fossilarme Schiefer und Kalke mit *Ophiceras tibeticum*	6—10	
		Kalke und Schiefer mit *Otoceras Woodwardi*, *Ophiceras Sakuntala*, *Prosphingites*, *Medlicottia* etc.	2—3	10₁
Perm	Productus Shales	Schiefer und Sandsteine mit *Productus Abichi*, *P. Purdoni*, *P. serialis*, *P. cancrini*, *P. cancriniformis*, *Spirifer fasciger* etc.	30—40	9
		Discordanz		
	Obercarbonischer (?)	Quarzit	100—200	8

II. Bemerkungen über das jüngere Mesozoicum in der tibetanischen Grenzregion zwischen Baraholi E. G. und der Chanambaniali-Kette.

Da als der wesentlichste Punkt des Programmes für unsere Expedition im Sommer 1892 das Studium der Trias im Himalaya aufgestellt worden war, konnte ich meine Aufmerksamkeit den jüngeren mesozoischen Bildungen erst in zweiter Linie zuwenden. Nachdem durch die Arbeiten von Stoliczka und Griesbach die Aufeinanderfolge derselben in ihren Grundzügen festgestellt erscheint, konnte es sich im Allgemeinen nur darum handeln, eine Gliederung der von Stoliczka und Griesbach als Lias angesehenen Zwischenbildungen zwischen der Obersten Trias und den Spiti Shales zu versuchen und durch weitere umfangreichere Aufsammlungen in den verschiedenen Abtheilungen der Spiti Shales einen Vergleich der einzelnen Faunen der letzteren mit solchen des europäischen Jura und der unteren Kreide zu erleichtern. Die Bearbeitung des Materials, die die Herren Dr. Franz Ed. Suess und Professor V. Uhlig übernommen haben, ist noch nicht zum Abschlusse gebracht. Ich bin daher genöthigt, mir in den Schlussfolgerungen, insoweit sie für eine Parallelisirung der betreffenden Schichtglieder im Himalaya mit europäischen Meeresablagerungen verwerthet werden sollen, eine grössere Reserve als in den übrigen Abschnitten dieser Arbeit aufzuerlegen. Es gilt dies insbesondere bezüglich der Zwischenbildungen zwischen der Trias und den Spiti Shales, die dem Upper Tagling Limestone und wahrscheinlich auch einem Theile des Lower Tagling Limestone Stoliczka's entsprechen. Ich werde mich daher in meiner Ergänzung der diesbezüglichen Angaben von Griesbach im Wesentlichen auf eine genaue Darstellung der Lagerungsverhältnisse in den am besten aufgeschlossenen Profilen beschränken.

Es ist bereits gelegentlich der Schilderung der obertriadischen Hochgebirgskalke des Shalshal Cliff in Griesbach's Profil [1] erwähnt worden, dass eine scharfe Grenze der unzweifelhaft triadischen Kalke mit ihren Megalodonten und Diceroeardien (Stoliczka's Para Limestone) gegen die überlagernden Schichtbildungen nicht vorhanden ist und dass in jenem Profile wenigstens ein Theil der hangenden Lithodendronkalke, die nach Griesbach Fossilien von angeblich rhätischem Typus enthalten, jenen Zwischenbildungen fraglichen Alters zugezählt werden muss, die Griesbach theils als Kössener Schichten, theils als Passage Beds, theils als Lias bezeichnet hat.

Diese Zwischenbildungen sind am oberen Rande des Shalshal Cliff sehr schön aufgeschlossen. In der Schlucht des von Shalshal F. G. durch das Cliff abfliessenden Baches beobachtet man südlich von dem erwähnten Weideplatze, kaum $^1/_2$ km von diesem entfernt, das folgende Profil (vergl. Fig. 10):

1. Obertriadische Hochgebirgskalke (Dachsteinkalk). Die ca. 25—30° NO. fallenden Bänke biegen sich zuletzt steil nach abwärts und schneiden mit einer Verwerfung von geringer Sprunghöhe an einer zweiten, gleichfalls aus flach NO fallenden Schichten aufgebauten Scholle ab. Über den obertriadischen Hochgebirgskalken dieser zweiten Scholle folgen

2. dünner geschichtete Bänke mit vielen Bivalven (*Ostrea* sp., *Pecten* sp.) und vereinzelten Brachiopoden, 3—4 m mächtig.

3. Lithodendronkalke, lithologisch sehr ähnlich den gleichfalls zahlreiche Lithodendronstöcke führenden obertriadischen Hochgebirgskalken Nr. 1. Sie sind meist dick gebankt und enthalten neben Lithodendronstöcken auch Durchschnitte von Crinoidenstielen. Mächtigkeit ca. 30 m.

4. Gehen gegen oben allmälig über in dünn geschichtete, gelbgrau anwitternde Kalksteine mit *Ostrea* sp., *Pecten* sp. und vereinzelten Belemniten. Mächtigkeit ca. 6 m.

5. Erdige, gelbgraue Kalke und Kalkmergel mit zahlreichen Rhynchonellen, 1—$1^1/_2$ m mächtig.

6. Stark eisenhältige, roth gefärbte, pisolithische Gesteine, in eckige Fragmente zerfallend, mit zahlreichen Belemniten, $1^1/_2$ bis 2 m mächtig. Unter den Fossilien machte mir Herr Dr. Franz Eduard Suess von dieser Localität, sowie aus der gleichen Schicht bei Bara Hoti die folgenden namhaft:

Belemnites sulcacutus n. sp. *Perisphinctes* sp. ind.
Kepplerites cf. *Galilaei* Neum. et Uhlig *Rhynchonella* aus d. Gruppe der *Rh. lacunosa* Quenst.
Macrocephalites sp. cf. *pila* Nikitin

7. Untere Spiti Shales mit *Belemnites Gerardi* Oppel.

Dieses Profil ist keineswegs vollkommen identisch mit dem von Griesbach beschriebenen, das, wie Griesbach (l. c. p. 137) mittheilt, 2 englische Meilen westlich von Shalshal F. G. an einer kleinen Verwerfung in den Spiti Shales beginnt. Unsere Route vom 22. August 1892 kreuzte diese Verwerfung zwischen Chota Hoti und Bara Hoti. Die obertriadischen Hochgebirgskalke, die Spiti Shales und die Zwischenbildungen zwischen diesen beiden Schichtsystemen erscheinen infolge dieser Verwerfung zweimal neben einander im O. und W. der letzteren.

Eine vollständige Übereinstimmung der Schichtfolge in dem oben mitgetheilten und Griesbach's Profil lässt sich allerdings aus Griesbach's Darstellung nicht entnehmen, doch ist eine solche wenigstens im Allgemeinen angedeutet. Bed 1 (richtiger 86) in Griesbach's Profil entspricht unzweifelhaft Nr. 5 und 6 in den Aufschlüssen südlich von Shalshal F. G.; ferner entspricht Bed 85 der Abtheilung 4 (Griesbach's Passage Beds). Dann folgen in beiden Profilen Lithodendronkalke, die in dem Profile südlich von Shalshal F. G. eine Mächtigkeit von ca. 30 m besitzen. Griesbach erwähnt aus Bed 53 — 43 m unterhalb der oberen Grenze der Lithodendronkalke — Fossilien von angeblich Kössener Typus. Es könnte also immerhin dieses Lager der Abtheilung Nr. 2 in dem oben mitgetheilten Profile entsprechen. Doch führt Griesbach selbst noch aus Bed 28 — 7 m unterhalb Bed 53 — Belemniten an, was mit der Zuweisung der unterhalb Bed 53 gelegenen Bänke von Lithodendronkalk zur obertriadischen Schichtreihe nicht stimmen würde. Die

---

[1] C. L. Griesbach: »Geology of the Central Himalayas«. Mem. Geol. Survey of India, vol. XXIII, 1891, p. 137—141.

Richtigkeit dieser allerdings durch keinerlei Fossilreste in seinen Aufsammlungen bestätigten Angabe von Griesbach vorausgesetzt, wäre alsdann die Grenze zwischen den zweifellos triadischen Hochgebirgskalken und jenen, die eine Zwischenstellung zwischen der obersten Trias und den Spiti Shales einnehmen, erst zwischen Beds 28 und 21 zu suchen, was jedoch für jene Zwischenbildungen eine unverhältnissmässig grössere Mächtigkeit als in dem obigen, sehr nahe gelegenen Profile ergeben würde.

Fig. 10.
Profil bei Shalshal E. G.

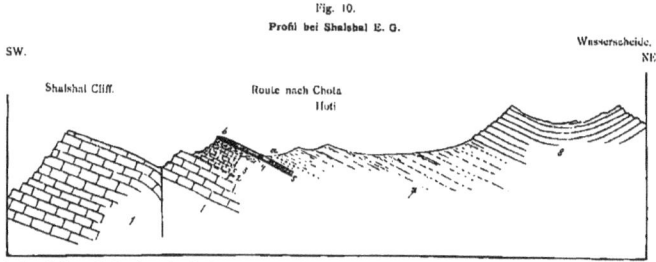

1. Obertriadische Hochgebirgskalke (Dachsteinkalk). 2. Untere Bivalvenbänke. 3. Lithodendronkalk. 4. Obere Bivalvenbänke. 5. Brachiopodenschichten. 6. Sulcacutus Beds (rothe Eisenpisolithe). 7. Spiti Shales. *a* Hauptlager des *Belemnites Gerardi* Opp. 8. Gicumal Sandstone (Flysch).

Soviel ist sicher, dass der Übergang der echten obertriadischen Hochgebirgskalke mit ihren Megalodonten und Lithodendronstöcken in jene Zwischenbildungen von zweifelhaftem Alter ein ganz allmäliger ist und dass eine scharfe Grenze zwischen beiden nicht gezogen werden kann, wie das auch Griesbach wiederholt betont hat.

Auch in der Umgebung von Chota Hoti und Bara Hoti sind die Zwischenbildungen von den obertriadischen Hochgebirgskalken bis zur unteren Grenze der durch das massenhafte Vorkommen des *Belemnites Gerardi* charakterisirten untersten Abtheilung der Spiti Shales an zahlreichen Stellen aufgeschlossen. Das am meisten charakteristische Schichtglied dieser Zwischenbildungen bleibt stets die als Abtheilung 6 des Profils südlich von Shalshal E. G. bezeichnete Bank von rothen, eisenhaltigen Pisolithen mit ihren Ammoniten, Belemniten und Rhynchonellen, die durch ihre auffallende Färbung sich von den gelbgrauen Kalksteinen im Liegenden und den schwarzen Schiefern im Hangenden sehr deutlich abhebt. Griesbach bezeichnet diese Schicht als Lias und weist ihre Anwesenheit an zahlreichen Localitäten in Painkhánda und Hundés, z. B. unweit der Höhe des Niti-Passes, am Fusse des Silakank und am Shanki River (l. c., p. 126) nach. Ich schlage für diese durch ihre weite Verbreitung und ihr trotz der geringen Mächtigkeit sehr constantes Auftreten bemerkenswerthe Schicht einen besonderen Namen:

»Sulcacutus Beds«

vor, und zwar nach dem wichtigsten Leitfossil derselben, dem der Gruppe der »*bisulcati*« angehörigen *Belemnites sulcacutus* F. Suess.

Ein zweites Profil, wo die Zwischenbildungen zwischen der obersten Trias und den Spiti Shales gut aufgeschlossen, aber in ihrer Mächtigkeit gegenüber den Aufschlüssen südlich von Shalshal E. G. erheblich reducirt sind, befindet sich bei Chidamu E. G. Auf dem Rücken zwischen diesem Lagerplatz und Kiangur E. G. beobachtet man in der Richtung von O nach W die nachstehende Schichtfolge (vergl. Fig. 12):

1. Obertriadische Hochgebirgskalke, unter sehr steilem Winkel gegen W einfallend. Sie gehen im Hangenden allmälig über in

2. Graue, gelblich anwitternde, ziemlich dünn geschichtete Kalkbänke mit vielen Bivalven. In dieser nur 5 bis 6 *m* mächtigen Schichtgruppe sind einige Lagen von stark mergeligen Ostreenplatten besonders auffallend. Sie sind wahre Lumachellen von Bivalven, darunter *Ostrea* sp., *Pecten* sp. und eine ziemlich

charakteristische Form von *Avicula* sp. Doch sind unter diesen Bivalven, wie mir Herr Dr. A. Bittner mittheilt, bezeichnende Koessener Typen bestimmt nicht vorhanden.

3. Mit gleichem Schichtfallen folgen sogenannte Hieroglyphen-Schichten, Mergelplatten mit jenen auffallenden Gebilden, wie sie in gewissen Abtheilungen der Karpathensandsteine so häufig sind. Mächtigkeit cca. 1 m.

4. Gelbliche erdige, dünn geschichtete Kalkschiefer mit zahllosen Ostreen, die aber einer anderen Species als die in der Abtheilung 2 auftretende *Ostrea* anzugehören scheinen und bisulcaten Belemniten. $1^{1}/_{2}$ m mächtig.

5. Rothe, pisolithische, eisenschüssige Gesteine der Sulcacutus Beds, $1^{1}/_{4}$ m mächtig.

6. Untere Spiti Shales mit *Belemnites Gerardi* Oppel und zahlreichen Bivalven.

Fig. 11.
Oberer Rand des Shalshal Cliff.

Die Schichten der Abtheilung 2 in den Profilen von Chidamu und südlich von Shalshal E. G. dürften identisch sein. Die relativ mächtige Entwicklung von Lithodendronkalken zwischen diesen Bänken und den Sulcacutus Beds fehlt bei Chidamu.

In ausgezeichneter Weise und zugleich in besonderer Mächtigkeit sind die Sulcacutus Beds in dem Zuge des Chanambaniali (18.360 und 18.320 e. F.), östlich von Chitichun E. G. in Hundés entwickelt.

Der Zug des Chanambaniali bildet ein fast meridional streichendes Gewölbe von obertriadischen Hochgebirgskalken, dem gegen Westen ein kleineres secundäres Gewölbe vorgelagert ist (vergl. Fig. 10). In der Mulde zwischen diesen beiden Antiklinalen liegen auf den obertriadischen Hochgebirgskalken die Spiti

Shales mit den unterlagernden Zwischenbildungen. Unter den Spiti Shales treten die Sulcacutus Beds fast allenthalben am Rande jener Mulde als eine steile Bank sehr harter, rostrother, pisolithischer Gesteine hervor, die an ihrem Fusse von einem Wall abgestürzter Trümmer begleitet wird, die alle tieferen Zwischenbildungen verhüllen. Die Mächtigkeit dieser rostfarbenen, oft sehr intensiv gefärbten, stark eisenhaltigen Pisolithe beträgt manchmal bis zu 6 m.

Unter den Fossilien machte mir Herr Dr. Franz E. Suess die folgenden namhaft:

Belemnites sulcacutus n. sp.
Sphaeroceras Dieneri n. sp.
Macrocephalites sp. ind.
Rhynchonella aus d.Gruppe der *Rh. lacunosa* Quenst.
Ostrea sp.

Die Fauna der Sulcacutus Beds weist nach den Untersuchungen von Dr. F. Suess mit voller Bestimmtheit auf Ablagerungen des Dogger, wahrscheinlich vom Alter des Kelloway hin. Dem braunen Jura gehören ferner die Abtheilungen Nr. 5 im Profil südlich von Shalshal E. G. und Nr. 4 in jenem von Chidamu (mit den bisulcaten Belemniten) an. Es entsprechen alle diese Bildungen jenem Horizont, den Griesbach in seinen Profilen als Lias bezeichnet hat, der sich aber nunmehr auf Grund eingehenderer paläontologischer Studien als ein Äquivalent des Dogger erweist.

Sehr unsicher ist vorläufig noch die Stellung der übrigen Zwischenschichten zwischen den obertriadischen Hochgebirgskalken und den zweifellos mitteljurassischen Ablagerungen. Dr. F. Suess ist geneigt auch noch die Bivalven-Schichten der Abtheilung Nr. 4 in dem Profil südlich von Shalshal E. G., die den Passage Beds zwischen Rhätisch und Lias bei Griesbach entsprechen, dem Dogger zuzuweisen. Was die Altersstellung der Lithodendronkalke Nr. 3 und der Bivalvenbänke im Liegenden derselben (Nr. 2) in demselben Profil, sowie jene der Bivalven-Schichten Nr. 2 mit den Ostreenplatten im Profil von Chidamu betrifft, so ist mir ein liassisches Alter derselben am wahrscheinlichsten.

Griesbach hielt diese Schichten für rhätisch und bezeichnet deren Fossilien wiederholt als typisch für die Koessener Schichten der Alpen. Dagegen theilt mir Herr Dr. A. Bittner auf Grund seiner Durchsicht des von Griesbach und mir in jenen Zwischenbildungen gesammelten Materials mit, dass Formen, die für die rhätische Stufe in den Alpen als bezeichnend angesehen werden können, unter denselben bestimmt nicht vorhanden seien. Dieses Urtheil eines so erfahrenen Kenners der Brachiopoden- und Bivalven-Faunen der alpinen Trias bestärkt mich in meiner Ansicht, die fraglichen Bildungen dem Lias zuweisen zu sollen. Wie in so vielen Theilen der Alpen dürfte auch in dem von unserer Expedition besuchten Theile des Himalaya die rhätische Stufe ausschliesslich in der Facies lichter Dolomite und Kalke vertreten sein. Da andererseits die mergeligen Bivalvenbänke durchaus concordant und ohne jede scharfe Grenze über den lichten obertriadischen Kalken folgen, so scheint es viel natürlicher und ungezwungener, diese wenig charakteristischen Bildungen, in denen bisher für einen bestimmten Horizont bezeichnende Fossilien noch nicht nachgewiesen werden konnten, für ein Äquivalent des Lias anzusehen, als eine stratigraphische Lücke zwischen der obersten Trias und dem Dogger anzunehmen, da für eine derartige Lücke in der Schichtfolge die von Griesbach und mir untersuchten Profile keine Anhaltspunkte liefern.

Bezüglich der Spiti Shales habe ich hier nur wenige Ergänzungen zu Griesbach's Mittheilungen anzuführen.

Die Gliederung der Spiti Shales in drei Abtheilungen, die bereits von Griesbach in vollkommen zutreffender Weise erkannt wurde, habe ich in den von mir untersuchten Profilen bestätigt gefunden. Die untere Abtheilung, die bei Chidamu am ganzen Nordrande des Shalshal Cliff und auch am Chanambaniali gut aufgeschlossen ist, wird durch das massenhafte Vorkommen von *Belemnites Gerardi* Oppel charakterisirt. Dieses Fossil ist so häufig, dass stellenweise auf den Hängen der unteren Spiti Shales der Verwitterungsschutt ausschliesslich aus Bruchstücken desselben besteht. Ausserdem fanden sich in dieser Abtheilung bei Chidamu E. G. zahlreiche Bivalven, darunter insbesondere grobrippige Inoceramen.

Diese Abtheilung der Spiti Shales ist sowohl bei Chidamu als in der Umgebung von Shalshal E. G. von der darüber folgenden leicht zu trennen. Sie besteht aus grauen Schiefern mit einzelnen Kalksteinzügen und enthält nur wenige Concretionen, die überdies versteinerungsleer sind.

Die darüber folgende mittlere Abtheilung der Spiti Shales — schwarzgraue oder schwarzblaue bis glänzend schwarze Schiefer — enthält in den massenhaften Concretionen einen erstaunlichen Reichthum an Fossilien, zumeist Ammoniten. Ich habe in diesem Horizont bei Chojan E. G. auf der »Route nach Shalshal E. G. und bei Chidamu E. G. umfangreichere Aufsammlungen vorgenommen. Nach der letzteren Localität, wo die Aufschlüsse besonders klar sind und der Versteinerungsreichthum ein sehr grosser ist, möchte ich für diese Abtheilung der Spiti Shales den Namen:

»Chidamu Beds«

in Vorschlag bringen.

Unter den Ammoniten herrschen Formen der Gattung *Perisphinctes* weitaus vor. Daneben treten *Oppelia*, *Lytoceras* und *Phylloceras* auf. *Phylloceras* ist ausserordentlich selten. *Lytoceras* kommt neben *Perisphinctes* bei Chidamu in dem Verhältnisse 1 : 40 vor. Ich habe auf das Verhältniss in der Individuenzahl der diesen beiden Gattungen angehörigen Formen mit Rücksicht auf die bekannte Controverse zwischen Nikitin und Neumayr bezüglich der Beziehungen der Spiti Shales zum russischen und mediterranen Jura an Ort und Stelle besonders geachtet. Die nach Europa gebrachten Aufsammlungen geben über die wirkliche Vertheilung der Formen in den Spiti Shales ihrer Individuenzahl nach kein richtiges Bild, da man in der Regel sehr viele Concretionen mit Versteinerungen zerschlägt, ehe man ein brauchbares Stück erhält, während die obigen Ziffern aus einem Material von beiläufig 500 Concretionen gewonnen wurden. Da fast bei jeder Concretion ein Ammonit den Kern bildet, so sind derartige Daten an Ort und Stelle ohne besondere Mühe zu beschaffen, während sie aus der Bearbeitung der mitgebrachten Aufsammlungen nicht mehr gewonnen werden können.

Schon die unteren Spiti Shales mit *Belemnites Gerardi* gelten für oberjurassisch. Die Chidamu Beds gehören, wie mir Herr Professor Uhlig mittheilt, zweifellos dem oberen Jura, wahrscheinlich dem Kimmeridge an.

Bei annähernd gleicher lithologischer Beschaffenheit enthalten die oberen Spiti Shales eine von jener der Chidamu Beds vollständig verschiedene Fauna, die sich insbesondere durch den Reichthum an Formen aus den Ammonitengattungen *Hoplites* und *Olcostephanus* auszeichnet. Typisch entwickelt und durch das Vorkommen besonders zahlreicher und schön erhaltener Versteinerungen charakterisirt, traf ich diese oberste Abtheilung der Spiti Shales bei dem Weideplatze Lochambelkichak[1] in der tibetanischen Provinz Hundés, am Ostabhange des Chitichun Nr. I. Ich schlage daher für diesen Horizont der Spiti Shales den Localnamen:

»Lochambel Beds«

vor.

Herr Professor Uhlig hat die Güte gehabt, mir auf Grund einer Durchsicht der Fauna dieser Stufe mitzutheilen, dass dieselbe höchst wahrscheinlich der Berrias-Stufe angehört, dass aber in jener Fauna möglicherweise auch Anklänge an das Oberlithon einerseits, an das Valanginien andererseits vorhanden sind.

Über den Spiti Shales folgt eine Flysch-Entwicklung, analog jener in der Sandsteinzone der nordöstlichen Alpen oder der Karpathen. Sie umfasst die von Stoliczka und Griesbach als »Gieumal-Sandstone« bezeichneten Sandsteine mit ihren Hornsteinzügen und Einschaltungen von Eruptivgesteinen und intensiv gefärbten Schiefern. Sie bilden in dem von unserer Expedition besuchten Gebiete die Wasserscheide entlang der tibetanischen Grenze vom Tung-Jung-La bis zum Kiogarh Chaldu-Pass und den Zug des Kungribingri. Von organischen Resten habe ich nur Spuren von Belemniten in einem graugrünen, sehr feinkörnigen Sandstein im obersten Quellgebiete des Kiogadh River gefunden.

Wichtig für die Altersstellung des Gieumal-Sandstone in dem von uns durchwanderten District ist die Thatsache, dass die untersten Partien desselben mit den obersten Spiti Shales in Wechsellagerung treten, wie man sich insbesondere in der Umgebung des Kungribingri-Passes (18.300 e. F.) an zahlreichen Stellen

[1] Dieser Name besteht eigentlich aus drei Worten: Lochambel-ki-chak d. i. der Grenzposten von Lochambel.

überzeugen kann. Es geht hieraus hervor, dass mindestens ein beträchtlicher Theil des Gieumal-Sandstone cretacischen Alters sein muss. Dies stimmt mit Stoliczka's (l. c., p. 113) Angabe überein, dass auch in Spiti eine Wechsellagerung zwischen den untersten Bänken des Gieumal-Sandstone und den obersten Spiti Shales stattfindet, wenngleich Stoliczka den Gieumal-Sandstone auf Grund der wenigen ihm vorliegenden Fossilreste für oberjurassisch hielt.

Bildungen von dem Charakter des Chikkim-Limestone Stoliczka's wurden in unserem Excursionsgebiete nicht angetroffen. Vielleicht könnte die kleine, aus einem weissen, fossilleeren Kalkstein bestehende Gipfelscholle auf der Spitze des Kungribingri (19.170 e. F.) als solche angesehen werden, die, soweit ich bei meiner Besteigung jenes Berges beurtheilen konnte, normal auf dem Flysch zu liegen scheint.

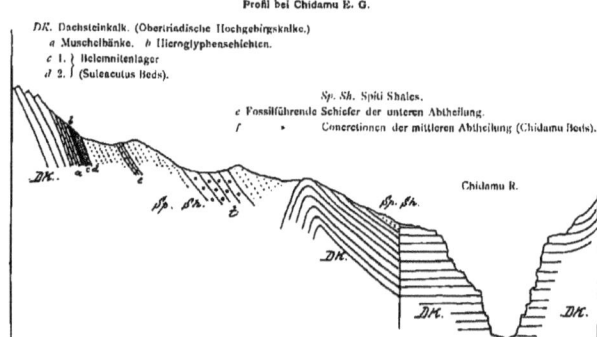

Fig. 12.
Profil bei Chidamu E. G.

DK. Dachsteinkalk. (Obertriadische Hochgebirgskalke.)
 a Muschelbänke. *b* Hieroglyphenschichten.
 c 1. } Helemnitenlager
 d 2. } (Sulcacutus Beds).

Sp. Sh. Spiti Shales.
 e Fossilführende Schiefer der unteren Abtheilung.
 f » Concretionen der mittleren Abtheilung (Chidamu Beds).

Die Nummuliten-Formation, die von Stoliczka und Lydekker am oberen Indus in Ladakh und auch von Griesbach (l. c., p. 83) am Sirkin-Fluss in Hundés nördlich vom Niti-Pass nachgewiesen wurde, bleibt ausserhalb des Bereiches unserer geologischen Aufnahmen im Central-Himalaya während des Sommers 1892.

III. Die Klippenregion zwischen Chitichun und dem Balchdhura.

a) Die permische Klippe des Chitichun Nr. I. (17,740 e. F.)

Innerhalb der aus Spiti Shales und Gieumal-Sandstone bestehenden Schiefer- und Sandsteinregion des tibetanischen Districtes von Chitichun treten ältere Bildungen unter Verhältnissen sehr eigenthümlicher Art zu Tage. Sie erscheinen hier in der Kette des Chitichun Nr. I (17.740 e. F.) als klippenförmige Aufbrüche in den jüngeren Sedimenten und ohne sichtbaren Zusammenhang mit den gleichalterigen Ablagerungen der Hauptregion des Central-Himalaya. Das von unserer Expedition am genauesten untersuchte Vorkommen befindet sich an dem Berge Chitichun Nr. I, dessen geologische Verhältnisse von Griesbach[1] auf Grund dieser Untersuchungen in Kürze beschrieben wurden.

Die Hauptmasse des Chitichun-Gipfels besteht aus einem weissen, zuckerkörnigen, mehr oder weniger krystallinischen Kalkstein mit Einlagerungen von sandigen oder erdigen rothen Kalksteinschmitzen, und nesterweise auftretenden Linsen von rothen Crinoidenkalken. Sie bildet einen 100—150 *m* mächtigen Block,

---

[1] C. L. Griesbach: »Notes on the Central Himalaya«. Records Geol. Survey of India, vol. XXVI, pt. I, 1893, p. 10 ff.

Geologische Expedition in den Central-Himalaya. 589

der die durch zahlreiche auf die Berrias-Stufe hinweisende Versteinerungen ausgezeichneten Spiti Shales, welche die Basis des ganzen Höhenzuges zusammensetzen, theils scheinbar überlagert, theils mit den dieselben begleitenden Eruptivgesteinen in Wechsellagerung tritt.

Die Bestimmung der in der Hauptmasse der Klippenkalke des Chitichun Nr. I gesammelten Fossilien führte zu dem folgenden Ergebniss:

Crustacea.
Cheiropyge n. gen. *himalayensis* n. sp. (*U*.).[1]
Phillipsia n. sp. ind. (*U*.)

Cephalopoda.
Popanoceras (Stacheoceras) Trimurti n. sp. (*U*.)

Pelecypoda.
Avieulopecten cf. *Jabiensis* Waag. (*U*.)

Brachiopoda.
Diclasma aculangulum Waag. (*h*.)
Hemiptychina himalayensis Dav. (*s*.)
  » *sparsiplicata* Waag. (*z. h.*)
  » *sublaevis* Waag. (*s*.)
  » *inflata* Waag. (*s*.)
Notothyris simplex Waag. (*s*.)
  » *subvesicularis* Dav. (*s*.)
  » *triplicata* n. sp. (*s. h.*)
Lyttonia cf. *tenuis* Waag. (*z. h.*)
Uncinulus Theobaldi Waag. (*h*.)
Camarophoria Purdoni Dav. (*s. h.*)
Spirigerella cf. *Derbyi* Waag. (*s*.)
Athyris div. sp., darunter: *A. Royssii* Lev., *A. capillata* Waag., *A. globularis* Waag. (*s. h.*)
Spiriferina cristata Schloth. (*s*.)

Spirifer cf. *Wynnei* (*h*.)
  » *fasciger* Keyserl. (*unsakhelensis* Dav. (*U*.)
  » *tibetanus* n. sp. aus der Verwandtschaft des *Sp. Rajah* Salt. (*h*.)
Martinia div. sp.
Reticularia lineata Mart. (*z. h.*)
Enteletes Tschernyscheffi n. sp. aus der Gruppe des *E. hemiplicatus* Hall (*z. h.*)
Anlosteges tibeticus n. sp. (*s*.)
Marginifera typica Waag. (*h*.)
Productus semireticulatus Mart. (*s. h.*)
  » » var.*bathykolpos* Schllw.(*s*.)
  » *lineatus* Waag. (*h*.)
  » *Abichi* Waag. (*s*.)
  » *gratiosus* Waag. (*h*.)
  » *mongolicus* n. sp. = cf. *Cora* Kays. (*s*.)
  » *Cora* Orb. (*s*.)
  » *cancriniformis* Tschern. (*s*.)

Bryozoa.
Fenestella sp. (*s*.)

Anthozoa.
Amplexus sp. (*h*.)

Amorphozoa.
Amblysiphonella sp. (*s*.)

Von den beiden Trilobiten sind nur die beiden Pygidien erhalten. Eines dieser Pygidien gehört einer typischen *Phillipsia* an, die sich zunächst an *Ph. Eichwaldi* Fisch.[2] anschliesst, sich jedoch von dieser durch geringere Breite der Spindel und durch eine vollständigen Mangel von Körnchen auf der Schalenoberfläche unterscheidet. Auch mit der von Lydekker[3] abgebildeten und mit *Ph. semenifera* Phill. verglichenen Art aus Kaschmir, sowie mit *Ph. articulosa* Woodw.[4] besteht einige Ähnlichkeit. Das zweite Pygidium erinnert durch die stark berippten, reich verzierten Seitentheile und die scharf abgesetzte, aus zahlreichen Segmenten bestehende Rhachis an die Familie der *Eucrinuridae* (z. B. *Cromus*) und gehört jedenfalls einer neuen Gattung an.

Leider ist mir nur der Fund eines einzigen Ammoniten in den Klippenkalken der Hauptmasse des Chitichun Nr. I geglückt, einer der Gattung *Popanoceras* anzureihenden Form, die in Bezug auf ihre äussere Gestalt und die Entwicklung der Lobenlinie dem sicilianischen *Popanoceras (Stacheoceras) medi-*

---

[1] *U.* = Unicum, *s.* = selten, *z. h.* = ziemlich häufig, *h.* = häufig, *s. h.* = sehr häufig.
[2] Moeller: »Über die Trilobiten der Steinkohlenformation des Ural etc.«. Bull. Soc. imp. des nat. de Moscou, 1867. Nr. 1, Taf. II, Fig. 3, p. 32.
[3] R. Lydekker: »The Geology of the Kashmir and Chamba territories«. Mem. Geol. Survey of India, vol. XXII, pl. II, Fig. 5.
[4] H. Woodward: »A monograph of the British Carboniferous Trilobites«. Pt. II, Palaeontograph. Soc. vol. XXXVIII, London 1884, pl. X, Fig. 13, p. 70.

terraneum Gemmellaro[1] aus den Fusulinenkalken des Sosio-Thales bei Palermo sehr nahe steht. Die Unterschiede bestehen in der grösseren Zahl der Suturelemente und der tiefen Stellung des zweiten Laterallobus. Der erste Laterallobus ist zweitheilig, während alle übrigen Loben in drei Spitzen enden. Diese Lobenform theilt unsere tibetanische Art mit *Popanoceras Parkeri* Heilprin[2] und *P. Krasnopolskyi* Karp.[3] Wie bei der letzteren Form ist auch bei *P. Trimurti* der erste Laterallobus vollkommen symmetrisch getheilt, während bei *P. mediterraneum* im äusseren Lobenast ein secundärer Zahn steht. Wie bei *P. Krasnopolskyi* tritt auch bei unserem Ammoniten aus Chitichun in vorgeschrittenen Stadien des Wachsthums eine weitere paarige Differenzirung der beiden Äste des ersten Laterallobus ein.

Da Vertreter der Gattung *Popanoceras* bis jetzt noch niemals in Ablagerungen gefunden wurden, die älter als das Permocarbon sind, in welchem sie nach Karpinsky (l. c., p. 93) die gewöhnlichsten Ammonitentypen darstellen, so gibt das Vorkommen von *P. Trimurti* in der Hauptmasse der Klippenkalke des Chitichun Nr. I. — das Stück wurde von mir wenige hundert Schritt vom Gipfel des Berges in östlicher Richtung abwärts gesammelt — für eine Altersbestimmung der letzteren einen werthvollen Anhaltspunkt.

Sowohl der Zahl der Arten als der Individuen nach erscheinen die Brachiopoden als die bei weitem wichtigste Thierclasse in den paläozoischen Kalken des Chitichun Nr. I. Sie sind in diesen durch mehr als 30 Arten vertreten. Bei meiner Bearbeitung des sehr reichen Materials habe ich allerdings die den Gattungen *Athyris* und *Martinia* angehörigen Arten vorläufig unberücksichtigt gelassen, da diese glatten, wenig charakteristischen und specifisch nur schwer trennbaren Formen zu einer Altersbestimmung ohnehin nur in sehr beschränktem Maasse tauglich erscheinen.

In der nachstehenden Tabelle sind die Listen der Brachiopodenarten einiger Faunen — mit Ausnahme der zu *Martinia* und *Athyris* gehörigen Formen — angeführt, welche mit jenen aus den Kalken der Hauptmasse des Chitichun Nr. I identisch sind:

Fig. 12.
Permische Kippen in dem Kessel NE. Chitichun Nr. I.

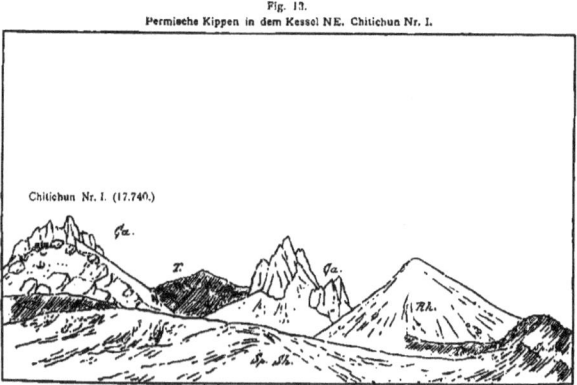

Ca. Permocarbon oder Perm. *Rh.* Obertriadische Kalke (rhätisch?). *T.* Trappgesteine (Diabasporpyrit). *Sp. Sh.* Spiti-Shales.

---

[1] G. Gemmellaro: »La fauna dei calcari con fusulina della valle del fiume Sosio«. Palermo 1887, tav. IV, fig. 2 und 6, p. 29 und Appendice (1888), tav. C, fig. 7.
[2] Proceed. Acad. nat. science, Philadelphia 1884, fig. 1, 2, p. 53.
[3] A. Karpinsky: »Über die Ammoneen der Artinsk-Stufe und einige mit denselben verwandte carbonische Formen«. Mem. acad. imp. des sciences de St. Pétersbourg, VII. sér., T. XXXVII, Nr. 2, St. Pétersbourg 1889, Taf. V, fig. 10, p. 73.

Geologische Expedition in den Central-Himalaya.

	Salt Range				Productus-Shales Himalaya	Timor	Djulfa	Fusulinen-Kalke der Carnischen Alpen	Russland			Obercarbon von Loping
	Unterer Productus-Kalk	Mittlerer Prod. Kalk Unt. Abthg.	Mittlerer Prod. Kalk Ob. Abthg.	Oberer Productus-Kalk					Moskauer-Stufe	Stufe von Gshel (Oural-ien)	Artinsk-Stufe	
Lyttonia cf. tenuis W.			×									
Productus semireticulatus Mart.	×		×		×			×	×		×	×
» lineatus W.	× s. s.	×	×	×				×	×	×	×	
» Abichi W.			×	×	×	×	×					
» gratiosus W.		×	×	×		×		×				
» mongolicus n. sp.												×
» Cora Orb.	×	×	×	×				×	×		×	
» cancriniformis Tschern.					×			×				×
Marginifera typica W.		×	×		×					×	×	
Camarophoria Purdoni Dav.		×	×									
Spirifer cf. Wynnei W.			×									×
» fasciger Keyserl.	×	×	×	×	×	×		×	×			×
» tibetanus n. sp.												
Spiriferina cristata Schloth.	×	×	×	×		×			×			
Uncinulus Theobaldi W.			×	×		a						
Euteletes Tschernischeffi n. sp.												
Reticularia lineata Mart.	×					×	×	×	×	×	×	×
Dielasma acutangulum W.				×								
Aulosteges tibeticus n. sp.												
Hemiptychina himalayensis Dav.	×	× s. s.	×	×								
» sparsiplicata W.	× s. s.	×	×		×							
» sublaevis W.	×	×										
» inflata W.		×	×									
Notothyris triplicata n. sp.												
» simplex W.		×	×									
» subvesicularis Dav.			×	×								
Spirigerella cf. Derbyi W.			×	×	×							
	9	12	17	13	5	7	2	7	6	2	9	3

Von den in dieser Liste aufgezählten 27 Brachiopodenarten sind nur vier auf die Klippe von Chitichun beschränkt, die anderen dagegen mit bereits von anderwärts bekannten identisch.

Unter diesen 23 Arten finden sich 10 bereits in zweifellos obercarbonischen Ablagerungen. Mit Formen aus dem Obercarbon des europäischen Russlands sind 7, mit solchen aus dem Fusulinenkalk der Carnischen Alpen gleichfalls 7, mit jenen aus dem chinesischen Obercarbon von Loping 3 Arten identisch. Von diesen 10 obercarbonischen Arten gehen jedoch 8 bis in die Oberen Productus-Kalke der Salt Range oder in die Fauna von Djulfa, beziehungsweise in Bildungen von unzweifelhaft permischem Alter hinauf. Eine Art findet sich noch in der Artinskischen Stufe und nur eine einzige, *Productus mongolicus* (= cf. *Cora* Kayser), ist ausserhalb des Obercarbons von Loping nicht bekannt. Es macht sich jedoch, wie Kayser[1] gezeigt hat, in der Fauna von Loping bereits eine Beimischung vereinzelter permischer Typen zu den allerdings noch beträchtlich überwiegenden Carbonformen bemerkbar und es darf mit Recht die Frage aufgeworfen werden, ob *Productus mongolicus* als eine bezeichnende Art des Obercarbons angesehen werden kann, da der mit demselben ausserordentlich nahe verwandte *P. compressus* W. wohl im Mittleren und Oberen, nicht aber im Unteren Productus-Kalk der Salt Range gefunden wurde. Dagegen müssen unter den 10 genannten Formen 2, nämlich *Productus gratiosus* W. und *P. cancriniformis* Tschern. als Permo-

---
[1] Munier-Chalmas et A. de Lapparent: »Note sur la nomenclature des terrains sédimentaires.« Bull. Soc. géol. 3 sér. T. XXI, 1894, p. 452.

[2] E. Kayser: »Obercarbonische Fauna von Loping«. Richthofen's »China«, Bd. IV, S. 203.

carbon-, beziehungsweise als Perm-Typen bezeichnet werden, da sie in diesen Ablagerungen weit verbreitet sind, im Carbon aber erst in der obersten Stufe desselben, den carnischen Fusulinenkalken auftreten, in denen der echte *P. gratiosus* überdies durch eine Varietät (*occidentalis* Schellw.) ersetzt wird.[1]

Ich habe in diesem Verzeichniss der obercarbonischen Arten die mit den Unteren Productus-Kalken Indiens gemeinsamen Formen bisher nicht berücksichtigt. Tschernyschew[2] hält allerdings die Unteren und Mittleren Productus-Kalke für Äquivalente der Artinskischen Stufe Russlands, während Waagen wenigstens den Unteren Productus-Kalk und die untere Abtheilung der Mittleren Productus-Kalke (Katta Beds) dem Artinskischen Horizont gleichwertig erachtet. Seither jedoch sind durch eine Arbeit von Nikitin[3] die nahen Beziehungen des russischen Obercarbons, insbesondere der Stufe von Gshel zu den Unteren Productus-Kalken erkennbar geworden und Rothpletz,[4] sowie Frech[5] haben bereits auf jene Arbeit sich stützend, die Ansicht ausgesprochen, dass die Unteren Productus-Kalke eher dem Obercarbon als der Artinskischen Stufe gleichzustellen seien. In der That muss die Möglichkeit, ja Wahrscheinlichkeit, dass die Unteren Productus-Kalke noch das Obercarbon vertreten, zugegeben werden. Unter dieser Voraussetzung würde sich die Zahl der schon im Obercarbon auftretenden Arten der Gipfelkalke des Chitichun Nr. I auf 13 erhöhen. Allein auch unter den drei neu hinzukommenden Formen findet sich keine, die nicht zugleich in jüngere Bildungen (Artinskische Stufe und Perm) hinaufreichen würde.

Mit der unteren Abtheilung des Mittleren Productus-Kalkes (Katta Beds) hat die Fauna von Chitichun 12 Arten gemeinsam, darunter nur eine einzige (*Hemiptychina sublaevis*), die nicht auch gleichzeitig in der oberen Abtheilung (middle and upper division bei Waagen) dieser Schichtgruppe vorkommen würde. Nicht weniger als 17 Arten sind mit solchen aus dieser oberen Abtheilung des Mittleren Productus-Kalkes (Virgál und Kálabágh Beds) identisch, darunter fünf, die in tieferen Schichten nicht mehr vorkommen (*Lyttonia* cf. *tennis*, *Productus Abichi*, *Uncinulus Theobaldi*, *Notothyris subvesicularis*, *Spirigerella* cf. *Derbyi*). Von diesen 17 Arten gehen noch 13 in die Oberen Productus-Kalke hinauf. Eine der mit Chitichun gemeinsamen Arten (*Dielasma acutangulum*) ist auf die letztere Schichtgruppe beschränkt.

Neben 17 mit den Virgál und Kálabágh Beds gemeinsamen Formen (63%, der in die obige Liste aufgenommenen Brachiopoden-Arten von Chitichun) finden wir also nur je eine auf das chinesische Obercarbon, die Unteren Productus-Kalke mit Einschluss der Katta Beds und die Oberen Productus-Kalke beschränkte Art. Mit Rücksicht auf den Charakter der weitaus überwiegenden Brachiopoden-Fauna erscheint es unter diesen Umständen naheliegend, die paläozoischen Klippenkalke des Chitichun Nr. I mit den Mittleren Productus-Kalken der Salt Range, speciell mit der oberen Abtheilung derselben zu parallelisiren.

Dem Gesammtcharakter ihrer Fauna nach sind die paläozoischen Klippenkalke von Chitichun eine entschieden jüngere Bildung als die obercarbonischen Ablagerungen von Russland und China und die Unteren Productus-Kalke Indiens. Weitaus schwieriger gestaltet sich die Beantwortung der Frage, ob dieselben dem Permocarbon (im Sinne der russischen Geologen), beziehungsweise der Artinskischen Stufe, oder dem eigentlichen Perm gleichzustellen seien. Ich habe nicht die Absicht, hier in die Meinungsverschiedenheiten einzugehen, welche über die Zweckmässigkeit, das Permocarbon als eine besondere Zwischenstufe aufrecht zu erhalten oder dem permischen System als eine tiefste Stufe desselben anzugliedern, bestehen. Es mag genügen, darauf hinzuweisen, dass das Permocarbon, auch wenn man dasselbe übereinstimmend mit Krasnopolsky[6] und der Mehrzahl der westeuropäischen Geologen als ein Glied des Permsystems betrachtet, doch jedenfalls eine ältere Bildung als das eigentliche Perm im Sinne von Murchison repräsentirt und dass daher auch von diesem Standpunkte aus die Nothwendigkeit eines Versuches

---

[1] E. Schellwien: »Die Fauna des carnischen Fusulinenkalkes«. I. Th., Palaeontographica, Bd. 39, 1. Lfg.
[2] Mém. Com. géol., vol. III, Nr. 4, 1889, p. 359.
[3] Mém. Com. géol., vol. V, Nr. 5, 1890.
[4] A. Rothpletz: »Die Perm-, Trias- und Juraformation auf Timor und Rotti im indischen Archipel«. Palaeontographica, Bd. 39, 1892, S. 63.
[5] F. Frech: »Die karnischen Alpen«, 2. Lfg., Halle 1894, S. 360 und 373.
[6] Mém. du Com. géol., vol. XI, Nr. 4, St. Pétersbourg 1889.

die paläozoischen Gipfelkalke des Chitichun Nr. 1 mit dem Permocarbon oder dem eigentlichen Perm zu parallelisiren, keineswegs entfällt.[1]

Tschernyschew stellt den Unteren und Mittleren Productus-Kalk Indiens der Artinsk-Stufe Russlands, die als Typus des Permocarbon zu gelten hat, gleich. W. Waagen hat gezeigt, dass innerhalb der Mittleren Productus-Kalke die untere Abtheilung (Katta Beds) von den beiden darüber folgenden (Virgal und Kalabägh Beds) schärfer geschieden ist als diese selbst unter einander[2] und lässt die Parallelisirung mit dem Artinskischen Horizont nur für den Unteren Productus-Kalk und die Katta Beds gelten. Nachdem jedoch durch die Untersuchungen von Nikitin im Obercarbon von Moskau und durch jene von Schellwien und Frech über die Fauna der carnischen Fusulinenkalke die Zugehörigkeit des Unteren Productus-Kalkes zu der höchsten Abtheilung des Obercarbon (Stufe von Gshel) wahrscheinlich geworden ist, muss die Möglichkeit in's Auge gefasst werden, dass thatsächlich der gesammte Mittlere Productus-Kalk noch ein Äquivalent der Artinskischen Stufe darstellt. Was die Entscheidung der Frage wesentlich erschwert, ist der Umstand, dass man aus dem Mittleren Productus-Kalk keine Cephalopoden-Fauna kennt, dass hingegen für die sicilianischen Fusulinenkalke, die Waagen der oberen Abtheilung des Mittleren Productus-Kalkes gleichstellt, noch keine Bearbeitung der angeblich sehr reichen Brachiopoden-Fauna vorliegt.[3] Man ist somit für eine Parallelisirung der Artinskischen Fauna mit solcher aus den Stufen des Mittleren Productus-Kalkes fast ausschliesslich auf die Brachiopoden angewiesen.

Unter den Artinskischen Brachiopoden finden sich 12 im Unteren Productus-Kalk, 9 in den Katta Beds, 10 in der oberen Abtheilung des Mittleren Productus-Kalkes, 6 in den Oberen Productus-Kalken. Unter den 17 mit Salt Range-Formen gemeinsamen Arten gehen 6 durch das Obercarbon bis in's Perm, 2 weitere bis an die untere Grenze des Upper Productus Limestone hinauf. Von den übrigen sind 2 ausschliesslich auf den Unteren Productus-Kalk, 5 auf diesen und die Katta Beds beschränkt; 3 dagegen finden sich nur in der oberen Abtheilung des Mittleren Productus-Kalkes; eine endlich steigt von den Katta Beds bis in's Perm hinauf. Zu diesen aber kommen noch zwei überwiegend permische Typen hinzu, *Productus cancriniformis* Tschern., der bisher auf Artinsk und die carnischen Fusulinenkalke beschränkt galt, sich aber auch bei Chitichun und in den permischen Productus Shales des Himalaya gefunden hat[4], und *Productus Purdoni* Dav., der nicht nur im Perm des Himalaya und der Salt Range vorkommt, sondern auch im Permocarbon des Petschora-Gebietes von Hofmann gesammelt wurde.[5]

Es lässt sich aus dieser Zusammenstellung ersehen, dass man mit ungefähr ebensoviel Recht die Artinskische Stufe mit dem gesammten Mittleren Productus-Kalk als bloss mit einer bestimmten Abtheilung

---

[1] Der von Rothpletz (l. c. p. 66) angedeuteten Auffassung des Permocarbon als einer blossen Facies des Perm kann ich mit Rücksicht auf die Verschiedenheit der Cephalopodenfaunen des Permocarbon (Artinsk) und der unzweifelhaft permischen Ablagerungen des indischen Upper Productus Limestone und von Djulfa nicht beistimmen. Insbesondere fehlen Ammoniten mit ceratitischen Loben im Permocarbon noch vollständig. Ihr Auftreten charakterisirt die höheren Permschichten ebensosehr, als jenes der ersten höher stehenden Ammoneen die Artinskische Stufe. Geateinsstücke, wie das kürzlich von E. v. Mojsisovics (Denkschr. kais. Akad. d. Wiss., math.-nat. Cl. LXI, 1894, p. 458) beschriebene aus Stoliczka's Aufsammlungen bei Woabjilga (Karakorum Pass), wo Formen mit gonlatitischen, ceratitischen und ammonitischen Loben nebeneinander vorkommen, sind bisher niemals in älteren Ablagerungen als im Perm von Indien oder Djulfa gefunden worden.

[2] Ich habe daher in dieser Arbeit diese beiden Abschnitte des Mittleren Productus-Kalkes zusammengefasst als obere Abtheilung dieser Schichtgruppe der unteren (im Sinne von Waagen) gegenübergestellt.

[3] Auch über das Alter der Sosiokalke erscheint ein abschliessendes Urtheil nach dem heutigen Stande unserer Kenntnisse noch kaum möglich. Je nachdem man mit Karpinsky die verwandtschaftlichen Beziehungen oder mit Waagen die Unterschiede zwischen den Cephalopodenfaunen von Artinsk und Sosio stärker betont, wird man zu der Annahme eines permocarbonischen oder unterpermischen Alters für die Fauna von Sosio gelangen. Das Gleiche gilt von der durch Ch. White beschriebenen Ammonitenfauna von Baylor und Archer Counties im westlichen Texas (Bull. U. S. Geol. Survey, Nr. 77, Washington 1891), die jener von Sicilien am nächsten steht. Nur soviel lässt sich mit Sicherheit sagen, dass die Sosiofauna — insbesondere infolge ihres Mangels an Formen mit ceratitischer Lobenlinie — sich näher an jene die Artinskischen Horizonts als an das eigentliche Perm von Indien und Armenien anschliesst.

[4] Auch in der von Bogdanowitsch am Flusse Gussass (westl. Küen-Lün) entdeckten, von Frech (Denkschr. d. kais. Akad. Bd. LXI, 1894, S. 454) beschriebenen Permocarbon- oder Permfauna, findet sich, wie ich mich bei einer Durchsicht des Materials überzeugen konnte, *Productus cancriniformis* neben *P. libeticus* Frech in einigen gut erhaltenen Exemplaren.

[5] Tschernyschew, Mém. Com. géol., vol. III, Nr. 4, p. 373.

desselben parallelisiren kann. Wenn, wie es hier der Fall ist, das Hinzukommen auch nur einiger weniger Arten genügen würde, um das in den obigen Zahlen ausgedrückte Verhältniss zu ändern, gewährt die Statistik zu einer Entscheidung der Altersfrage keine genügenden Anhaltspunkte. Als gesicherte Ergebnisse der Arbeiten von Waagen dürfen wir die Thatsache hinnehmen, dass die ganze Reihe der indischen Productus-Kalke eine ununterbrochene Schichtfolge vom obersten Carbon bis zur Triasgrenze bildet, in der uns die Oberen Productus-Kalke den Typus der marinen Entwicklung des Perm darstellen und Äquivalente des russischen Permocarbon wahrscheinlich innerhalb des Mittleren Productus-Kalkes sich finden. Die Frage aber, wo man innerhalb des Mittleren Productus-Kalkes die Grenze zwischen Permocarbon und Perm zu ziehen habe, wird erst durch die Auffindung von Cephalopoden-Faunen in jener Schichtgruppe entschieden werden können.

Da, wie früher auseinandergesetzt wurde, die paläozoischen Klippenkalke von Chitichun der oberen Abtheilung des Mittleren Productus-Kalkes gleichwerthig sind, so erscheint von diesem Standpunkte aus eine Deutung derselben als permocarbonisch oder unterpermisch in gleichem Maasse zulässig.

Die Frage lässt sich jedoch noch von einem anderen Gesichtspunkte aus betrachten, nämlich mit Rücksicht auf die Beziehungen zu den Äquivalenten der Permformation innerhalb der Hauptregion des Central-Himalaya, wo dieselben im normalen Schichtverband mit den übrigen Sedimenten sich befinden.

Bildungen, die ihrer stratigraphischen Stellung nach als unzweifelhaft permisch betrachtet werden müssen, sind die von Griesbach als ein constantes Niveau an der Basis der Trias nachgewiesenen Productus Shales. Sie stehen mit den tiefsten Lagen der Otoceras Beds in einer so innigen Verbindung, dass die Grenzlinie in einigen Profilen (Kiunglung) nur auf Grund der Fossilführung unterhalb der ersten, durch ihren Reichthum an Otoceras- und Ophiceras-Schalen charakterisirten Bank gezogen werden kann. Das Liegende der Productus Shales bildet ein weisser Quarzit von 100—250 *m* Mächtigkeit. Griesbach hält ihn für obercarbonisch. Leider fehlen Versteinerungen aus diesem Niveau nahezu vollständig. In Griesbach's Aufsammlungen, deren Bearbeitung mir anvertraut wurde, ist dieser Horizont überhaupt nur durch einige specifisch nicht bestimmbare Reste von *Orthoceras* (Ostabhang des Marchauk-Passes und Pethatháli Valley) vertreten. In Spiti wechsellagern die obersten Bänke dieses Quarzits, wie Griesbach (Geology of the Central Himálayas, l. c., p. 63) mittheilt, mit einer 15—20 *m* mächtigen Lage grauer Kalksteine, die *Athyris Royssii* Lev. und *Productus* sp. führen. Doch erscheint auch dieses Niveau in Griesbach's Aufsammlungen nicht durch bezeichnende Fossilien repräsentirt.

Einen weissen Crinoidenkalk, dessen Versteinerungen W. Waagen untersuchte, hat T. W. Hughes[1] an einem der Grenzpässe, nördlich von Milam entdeckt. Die spärliche Fauna weist auf oberstes Carbon oder Permocarbon hin. Doch sind die stratigraphischen Beziehungen dieses Crinoidenkalkes zu seiner Umgebung vollständig unbekannt. Selbst die Lage der Localität, von der die Fossilien herstammen, lässt sich nicht näher bestimmen. Wahrscheinlich gehören diese Kalke in das Hangende des Quarzits, jedenfalls sind sie, dem Charakter dieser Fauna zu Folge, älter als die Productus Shales.

Die Productus Shales selbst liegen, wie Griesbach an zahlreichen Stellen seiner schönen Monographie des Central-Himalaya hervorhebt, theils normal auf dem weissen Quarzit, beziehungsweise in Spiti auf den hangenden Kalksteinbänken desselben, theils discordant auf älteren Schichten von untercarbonischem Alter. Die einzige Discordanz, die man innerhalb der sedimentären Zone des Central-Himalaya bis heute kennt, fällt also in die Zeit des Permocarbons nach Ablagerung der weissen Quarzite, die theilweise erodirt wurden, so dass die Productus Shales dann auf einer alten Abrasionsfläche liegen. Doch ist diese Discordanz nicht mit Schichtenstörungen verknüpft gewesen. Sie fällt möglicherweise zusammen mit der tibetanischen Transgression, deren Bedeutung für die geologische Entwicklungsgeschichte Central-Asiens kürzlich von E. Suess auf Grund der Erforschung des Kuën-Lün durch Bogdanowitsch auseinander gesetzt wurde.[2]

---

[1] T. W. Hughes and W. Waagen: »Note on a trip over the Milam Pass, Kumaon.« Records Geol. Survey of India, vol. XI, 1878, p. 182—187.

[2] »Beiträge zur Stratigraphie Central-Asiens«. Denkschr. d. kais. Akad. d. Wiss., math.-nat. Cl. LXI. 1894, S. 435 ff.

Die Mächtigkeit der Productus Shales beträgt nach Griesbach 35—70 m. Sie bestehen fast ausschliesslich aus schwarzen, splittrigen Schiefern mit zahlreichen Concretionen und Einschaltungen von Sandstein- und Kalksteinlinsen. Aus diesen Linsen stammen die, wie es scheint, ziemlich häufigen Fossilreste. Griesbach hat solche insbesondere bei Kiunglung E. G. am Fusse des Niti-Passes in grosser Anzahl gesammelt, ferner bei Kuling und Khar in Spiti und im obersten Lissar-Thale (South of Dharma Nr. XI). Den Ergebnissen meiner Bearbeitung dieses Materials zu Folge setzt sich die Fauna der Productus Shales aus den nachstehenden Formen zusammen:

†*Productus cancriniformis* Tschern.
„   *cancrini* Vern.
„   *Abichi* Waag.
„   *serialis* Waag.
„   cf. *Purdoni* Dav.
Marginifera typica Waag.
*Chonetes Vishnu Salt.
†*Athyris Royssii* Lev.
„   *capillata* Waag.

Spirigerella Derbyi Waag.
†*Martinia* cf. *glabra* Mart.
Dielasma sp. ind.
†*Spirifer fasciger* Keys. (*musakhelensis* Dav.)
„   „   n. sp. ind. ex aff. *Sp. fascigero*
„   „   *Nitiensis* n. sp.
†   „   *Rajah* Salt.
„   „   n. sp. ex aff. *Sp. Marconi* Waag.
**Aviculopecten hiemalis* Salt.

Unter diesen 17 specifisch bestimmbaren Arten sind 5 – die mit * bezeichneten — auf die Productus Shales des Himalaya beschränkt. Unter den neuen Formen gehören 2 in die Gruppe des *Spirifer fasciger*. Die eine derselben ist durch dichter gedrängt stehende, sehr scharfkantige Rippen, die andere (*Spirifer Nitiensis*) durch die lang gestreckten Flügel von dem echten *Sp. fasciger* unterschieden. Eine dritte Form schliesst sich zunächst an die von Tschernyschew (l. c., Taf. V, Fig. 5) abgebildete, mit *Spirifer Marconi* Waag. verwandte Art aus der Artinskischen Stufe an, die sich von der Salt Range-Form durch ihre hohe Area deutlich unterscheidet.

Von den übrigen 12 Arten gehen 5 vom Obercarbon bis in's Perm – die in der obigen Liste mit † bezeichneten — doch sind unter diesen 2 Formen (*Productus cancriniformis* und der ausserhalb der Productus Shales nur noch aus den Carbonablagerungen von Kaschmir, einem sehr hohen Gliede des Carbonsystems bekannte *Spirifer Rajah*), die erst in der obersten Abtheilung des Carbons beginnen und ihre Hauptentwicklung im Permocarbon und Perm erreichen. *Productus Purdoni* und *Marginifera typica* kommen sowohl in den Artinskischen Bildungen Russlands als im Permocarbon und Perm der Salt Range vor. Drei weitere Arten (*Athyris capillata*, *Spirigerella Derbyi* und *Productus Abichi*) sind mit der oberen Abtheilung des Mittleren Productus-Kalkes und dem Oberen Productus-Kalk gemeinsam; 2 endlich, *Productus cancrini* Vern. und *P. serialis* W., sind bisher nur in unzweifelhaft permischen Ablagerungen gefunden worden.

Der Charakter dieser Fauna ist von jener der paläozoischen Klippenkalke des Chitichun Nr. I einigermassen verschieden. Nur 5 Formen sind gemeinsam. Bezeichnend für die Productus Shales ist vor Allem das Fehlen aller schon im Kohlenkalk und in tieferen Abtheilungen des Obercarbons auftretenden *Productus*-Arten, insbesondere des *P. semireticulatus*, der in Chitichun noch sehr häufig ist. Während *P. Abichi* in Chitichun nur als Seltenheit vorkommt, erscheint er in den Productus Shales als Leitfossil und mit ihm zusammen der in der Salt Range auf die Cephalopoda Beds des Upper Productus Limestone beschränkte *P. serialis*. Neben *P. cancriniformis* findet sich ferner in den Productus Shales der echte *P. cancrini*, eine der bezeichnendsten Permformen, die der Fauna von Chitichun fremd ist.

Es ergibt sich hieraus, dass die Productus Shales der Hauptregion des Himalaya faunistisch das Gepräge echter Permablagerungen in viel deutlicherem Maasse an sich tragen als die paläozoischen Klippenkalke des Chitichun Nr. I und dass die letzteren in der stratigraphischen Reihenfolge etwas tiefer zu stellen sind.

Eine grössere Ähnlichkeit als mit jener der Productus Shales besitzt die Fauna von Chitichun mit derjenigen der früher erwähnten weissen Crinoidenkalke vom Milam-Pass, die Hughes und Waagen beschrieben haben. Waagen hat in dem geologischen Theil seiner Salt Range-Monographie (Vol. IV, Pt. 2, p. 166) aus dieser Schichtgruppe, deren Lagerungsverhältnisse leider nicht näher bekannt sind, die folgenden Versteinerungen namhaft gemacht:

Hemiptychina himalayensis Dav. *Martinia* cf. *glabra* Mart.
Notothyris subvesicularis Dav. *Productus semireticulatus* Mart.
Athyris Royssii Lev. *Lyttonia* sp.

Alle in dieser Liste aufgezählten Formen kommen auch in den paläozoischen Kalken des Chitichun Nr. I vor; doch ist nur *Notothyris subvesicularis* für eine schärfere Altersbestimmung einigermassen verwendbar,[1] da diese Art bisher nur in den Oberen Productus-Kalken und der oberen Abtheilung des Mittleren Productus-Kalkes der Salt Range gefunden wurde. In Anbetracht der Thatsache, dass alle übrigen mit Chitichun gemeinsamen Formen zu den indifferenten gehören, erscheint eine Parallelisirung der beiden in Rede stehenden Ablagerungen vorläufig nicht rathsam.

Das Ergebniss dieser Untersuchung kann bezüglich der stratigraphischen Stellung der paläozoischen Gipfelkalke des Chitichun Nr. I dahin präcisirt werden, dass dieselben wohl eine etwas tiefere Position einnehmen als die permischen Productus Shales der Hauptregion des Himalaya, dass aber die Frage, ob sie permocarbonischen oder permischen Alters seien, sich nicht mit Sicherheit entscheiden lässt. Für eine Gleichstellung mit den weissen Crinoidenkalken des Milam-Passes sind in der Fauna der letzteren vorläufig noch zu spärliche Anhaltspunkte vorhanden. Wenn ich dieselben weiterhin der Kürze halber als permisch bezeichne, so ist der letztere Ausdruck in jenem erweiterten Sinne zu verstehen, dem entsprechend von der Mehrzahl der westeuropäischen Geologen gegenwärtig auch das Permocarbon als ein Glied des Permsystems betrachtet wird.

b) Die Triasklippen von Chitichun.

Ausser der unzweifelhaft jungpaläozoischen Gipfelmasse des Chitichun Nr. I ragen aus den Spiti Shales und den die letzteren begleitenden Eruptivgesteinen und Tuffen noch zahlreiche Kalkschollen von ähnlicher Beschaffenheit in der nächsten Umgebung jenes Berges theils klippenförmig auf, theils liegen sie als Blöcke in denselben eingeschlossen. Die meisten derselben sind versteinerungsleer. Ein Block westlich von Chitichun Nr. I hat Bruchstücke von Bryozoenstöcken (*Fenestella*), ein anderer in einem Graben nördlich des Lagerplatzes Lochambelkichak *Productus semireticulatus* Mart. geliefert. An drei Stellen jedoch gelang es uns, kleine Blockklippen mit einer triadischen Fauna zu entdecken. Diese triadischen Klippen sind sämmtlich von räumlich sehr beschränkten Dimensionen und ausser directem Zusammenhang mit der Hauptmasse des Chitichun-Gipfels. Sie sind rings von Spiti Shales, beziehungsweise von den diesen untergeordneten Tuffen umgeben.

Die erste dieser Triasklippen, deren Blöcke zahlreiche, meist schlecht erhaltene Durchschnitte von Ammoniten aufwiesen, die sich späteren Untersuchungen zu Folge als den Gattungen *Monophyllites* Mojs. und (?) *Xenaspis* Waagen angehörig herausgestellt haben, befindet sich auf dem Übergang im W des Chitichun Nr. I (cca. 17.500 c. F.), östlich von der oben erwähnten Klippe mit *Fenestella*. Die zweite Blockklippe liegt WNW von dem Weideplatze Lochambelkichak an der Ostflanke des Chitichun Nr. I. Diese Triasklippe, deren Auffindung das Verdienst meines Reisegefährten Mr. Middlemiss ist, befindet sich in ziemlich beträchtlicher Entfernung von der paläozoischen Hauptmasse des Gipfels und den übrigen Klippen auf der Höhe des Chitichun-Zuges, in einem der tiefen Wassereinrisse gegen den Chitichun River hin. Sie besteht nur aus wenigen Blöcken eines rothen oder roth und weiss geflammten, thonarmen Kalksteines mit untergeordneten Schmitzen von Crinoidenkalk. Es ist insbesondere dieser letztere, der eine reiche Fauna von Cephalopoden, Gastropoden und (weit seltener) Bivalven enthält. Die letzteren sind durchwegs sehr kleine Formen. Der Erhaltungszustand der Stücke ist meist ein vortrefflicher. Während in dem Gebiete

---

[1] Auch die Gattung *Lyttonia* ist nicht für einen bestimmten Horizont charakteristisch, da Reste derselben bereits im Obercarbon (Loping, Kashmir) nachgewiesen erscheinen.

Geologische Expedition in den Central-Himalaya.

der Normalentwicklung der Himalaya-Trias beschalte Exemplare unter den Cephalopoden - von jenen der Otoceras Beds abgesehen - verhältnissmässig selten sind, und die Fossile in der Regel nur als Steinkerne vorliegen — es gilt dies für die obertriadischen Ablagerungen in noch höherem Maasse als für den Muschelkalk -- sind in den Triasbildungen dieser Localität Schalenexemplare sehr häufig. Dagegen findet man nur selten vollständige Stücke, da einzelne Blöcke fast ganz aus den Lumachellen-artigen Anhäufungen gebrochener Schalen bestehen. Die fossilführenden Blöcke dieser kleinen Klippe, die förmlich in den Spiti Shales eingebettet liegt, wurden von Mr. Middlemiss und mir auf wiederholten Excursionen nahezu vollständig ausgebeutet.

Eine dritte triadische Blockklippe entdeckte ich nördlich von Lochambelkichak, nahe dem Übergang in das Thal des Chaldu River. Sie enthielt ebenfalls mehrere Blöcke mit Lumachellen von *Monophyllites* sp.

Die Cephalopoden-Fauna der triadischen Klippenkalke umfasst folgende Formen:

Danubites Kansa n. sp. *Monophyllites* n. sp. ind.
  „ *Ambika* n. sp. *Procladiscites Yasoda* n. sp.
Sibirites Pandya n. sp. *Neuaspis (?) Middlemissi* n. sp.
Monophyllites Pradyumna n. sp. „ (?) n. sp. ind.
  „ *Coufucii* n. sp. *Gymnites Ugra* n. sp.
  „ *Pitamaha* n. sp. *Sturia mongolica* n. sp.
  „ *Hara* n. sp. *Orthoceras* sp. ind.
  „ *Kingi* n. sp.

Die in dieser Fauna vertretenen Gattungen lassen sich in drei Gruppen gliedern. Die erste Gruppe wird durch die allerdings nicht vollkommen sichergestellte Gattung *Neuaspis* Waagen repräsentirt, die bisher nur aus dem Perm der Salt Range und der unteren Trias der Insel Russkij (gegenüber Wladiwostok am Ussuri Golf) bekannt ist. Die zweite Gruppe umfasst die Gattungen *Monophyllites, Procladiscites, Gymnites* und *Sturia*, die in der alpinen Trias noch niemals in älteren Bildungen als dem Muschelkalk gefunden wurden. Zu einer dritten Gruppe endlich gehören die Gattungen *Danubites* und *Sibirites*, die bereits in untertriadischen Schichten zum erstenmale erscheinen, aber aus denselben auch in jüngere Triashorizonte hinaufgehen.

Das wichtigste Element der Trias-Fauna von Chitichun sind die der zweiten Gruppe beizuzählenden Gattungen. In numerischer Beziehung spielen die Monophylliten und unter diesen weiter die dem *Monophyllites Suessi* v. Mojs. zunächststehenden Formen — es sind dies die drei in der vorangehenden Liste an erster Stelle genannten - die hervorragendste Rolle. Die Loben der diesem Formenkreise angehörigen Arten stehen durchwegs auf einer tieferen Entwicklungsstufe als bei *Monophyllites Suessi*, dem einfachsten bisher bekannten Typus dieser Gattung aus der alpin-mediterranen Triasprovinz. Auch bei den in die Gruppe des *Monophyllites sphaerophyllus* v. Hauer zu stellenden Arten ist - von der specifisch nicht näher bestimmbaren Form vielleicht abgesehen — die Zackung der Suturen noch nicht so weit vorgeschritten als bei der genannten europäischen Art.

Ähnlich wie die erwähnten Monophylliten zu ihren europäischen Verwandten verhalten sich *Sturia mongolica* und *Gymnites Ugra* zu ihren alpinen Gattungsgenossen. Auch bei *Sturia mongolica*, die gleichzeitig durch einen relativ weiten, offenen Nabel und eine egredirende Schlusswindung charakterisirt ist, steht die Suturlinie auf einer etwas niedrigeren Entwicklungsstufe als bei den geologisch ältesten, dem oberen Muschelkalk angehörigen alpin-mediterranen Vertretern dieser Gattung. In noch bedeutend höherem Maasse tritt ein alterthümlicher Charakter bei *Gymnites Ugra* hervor, dessen Lobenlinie eben erst aus dem ceratitischen Stadium in jenes von *Gymnites* übergetreten und noch beinahe dolichophyll ist.

Das am höchsten entwickelte Element dieser Triasfauna ist *Procladiscites Yasoda*, der dem mediterranen *Procladiscites Brancoi* v. Mojs. aus dem oberen alpinen Muschelkalk sehr nahe steht und in Bezug auf die Entwicklung der Lobenlinie nur in untergeordneten Details von diesem abweicht.

Unter den trachyostraken Ammoniten spricht *Danubites Kansa*, der dem japanischen *Danubites Naumanni* v. Mojs. nahesteht, entschieden für ein höheres Niveau als untere Trias. Danubiten mit so hoch entwickelten Loben, bei denen selbst noch die Sattelwände theilweise mit Zähnen versehen sind, wurden bisher weder in den Olenek-Schichten, noch in der unteren Trias des Himalaya nachgewiesen.

Zu der von Waagen für den *Ceratites carbonarius* W. aus dem oberen Productus-Kalk der Salt Range begründeten Gattung *Xenaspis* habe ich eine Form wegen ihrer sehr nahen Beziehungen zu *X. orientalis* aus der unteren Trias der Insel Russkij gerechnet, obwohl die Länge der Wohnkammer an dem betreffenden Exemplar nicht mit Sicherheit zu ermitteln war.[1] Diese Form — *Xenaspis Middlemissi* — ist von der eben genannten sibirischen Art vorwiegend durch die reichere Zackung der Loben unterschieden. Eine zweite Form, die leider nur fragmentarisch erhalten ist und die ich vorläufig ebenfalls zu *Xenaspis* gestellt habe, besitzt eine bereits durchaus an *Gymnites* erinnernde Oberflächensculptur bei ceratitischem Lobencharakter.

Diese Fauna der triadischen Klippenkalke von Chitichun kann ihrem zoologischen Gesammtcharakter nach wohl nur als eine solche des Muschelkalkes bezeichnet werden. Die weitaus überwiegende Anzahl der auf Muschelkalk hinweisenden Formen befindet sich aber in einem Entwicklungsstadium, das auf ein tieferes Niveau als der Muschelkalk der Hauptregion des Himalaya zu schliessen gestattet. Maassgebend für diese Auffassung erscheint insbesondere das Verhalten der Monophylliten, der *Sturia mongolica* und des *Gymnites Ugra*, die der Triasfauna von Chitichun den Stempel einer älteren Muschelkalk-Fauna aufdrücken. Mit dieser Einreihung der triadischen Klippenkalke von Chitichun in eine untere Abtheilung des Muschelkalkes, die vielleicht dem Horizont des *Sibirites Prahlada* in der Hauptregion des Himalaya entsprechen könnte, lässt sich auch das Vorkommen von *Xenaspis* einerseits und *Procladiscites* andererseits am besten in Einklang bringen. Das vereinzelte Auftreten eines höher entwickelten Faunen-Elements wie *Procladiscites Yasoda* kann dem Persistiren der geologisch älteren Gattung *Xenaspis* in der Trias von Chitichun gegenüber gestellt werden.

Auffallend ist das bedeutende Überwiegen der leiostraken Ammoniten. Die drei trachyostraken Formen sind in meinen Aufsammlungen nur in je einem Exemplare vertreten. Unter den *Leiostraca* selbst wieder ist *Monophyllites* die vorherrschende Gattung, während dieselbe im Muschelkalk der Hauptregion des Himalaya fehlt. Dagegen fehlen in der Trias von Chitichun *Meekoceras* und *Ptychites* vollständig, neben den Ceratiten gerade die wichtigsten Leitformen im Muschelkalk der Hauptregion des Himalaya, während die Ceratiten nur durch die Untergattung *Danubites* vertreten sind. Die scharfe paläontologische Trennung zwischen beiden Faunen ist wohl in erster Linie auf die Verschiedenheit der Facies zurückzuführen. Während der Muschelkalk der Hauptregion in seiner gleichmässigen Verbreitung über weite Strecken und in Bezug auf die Vertheilung der organischen Einschlüsse sich als ein normales Sediment darstellt, repräsentiren die triadischen Klippenkalke von Chitichun und die sogleich zu besprechenden obertriadischen Klippenkalke im Osten des Balchdhura den Typus der Hallstätter Entwicklung innerhalb der indischen Triasprovinz.

c) Die Triasklippen am Balchdhura.

Der Oberlauf des Kiogadh River, dessen Quelläste zum Kiogarh-Chaldu- (17.440 e. F.) und zum Kiogarh-Chitichun-Pass (17.060 e. F.) emporziehen, ist bis 3 km oberhalb Laptal in jenen Flyschsandstein eingeschnitten, für den Stoliczka den Namen Gieumal-Sandstone in Vorschlag gebracht hat und der, wie früher auseinandergesetzt wurde, im Central-Himalaya allenthalben das normale Hangende der Spiti Shales bildet, ja mit den obersten Bänken derselben häufig in Wechsellagerung tritt. Dieser Flyschsandstein setzt auch den wasserscheidenden Grenzrücken zwischen Johar und Hundés am Balchdhura (17.500 e. F.) zusammen, der von Laptal über Sangcha nach Chilamkurkur führt. Auf der Strecke zwischen dem Balch-

---

[1] *Xenaspis* Waagen ist im Gegensatze zu *Ophiceras* Griesb. und *Meekoceras* Hyatt durch eine lange, nahezu einen vollen Umgang einnehmende Wohnkammer ausgezeichnet.

dhura und dem Kiogarh-Chaldu-Pass aber ragt aus diesem Flyschrücken eine Reihe hoher, schroffer Kalkberge empor. Wir zogen am 12. und 13. Juli am Fusse der Kette entlang und hielten jene den Flyschsockel scheinbar überlagernden Kalkmassen damals für ein Äquivalent des Chikkim Limestone Stoliczka's, eine Ansicht, der auch Griesbach (Geology of the Central Himálayas, p. 81) gelegentlich einer früheren Excursion zum Balchdhura Ausdruck gegeben hatte. Durch unsere Entdeckung der abnormen Lagerungsverhältnisse in der Umgebung des Chitichun Nr. I waren uns jedoch Zweifel an der Richtigkeit jener Deutung aufgestiegen. Wir benützten daher die Gelegenheit, auf der Route nach Rimkin Paiar von Laptal aus am 18. August einen Abstecher nach Sangcha Talla am Fusse des Balchdhura zu unternehmen und widmeten diesen und den folgenden Tag einer Untersuchung des den Pass im S überragenden, cca. 18.000 e. F. hohen Kalkberges, des westlichsten in einer Kette theils gleich hoher, theils noch höherer Kalkgipfel, denen wahrscheinlich sogar noch der bereits ganz auf tibetanischem Gebiet gelegene Ghátámemin (18.700 e. F.) beizuzählen sein dürfte.

Dieser Kalkberg bricht östlich von Sangcha Talla mit steilen Wänden gegen eine Schlucht ab, die ziemlich tief in das Felsmassiv einschneidet und ein unschwieriges Vordringen bis an den Fuss der Kalkmasse ermöglicht. Der Sockel besteht aus Giumal Sandstone, dessen Schichten meist gegen das Innere des Berges (nach Osten) einfallen, aber auch grosse Schichtstörungen erkennen lassen und von sehr zahlreichen Eruptivgängen durchbrochen werden. Beiläufig in der halben Höhe des Berges über dem Alpenboden von Sangcha Talla gewinnen diese Eruptivbildungen die Oberhand. Schliesslich tritt der Flyschsandstein vollständig zurück und die Basis der Kalkmasse selbst wird ausschliesslich von den Eruptivgesteinen und deren Tuffen gebildet. Mit dem Giumal Sandstone selbst treten die Gipfelkalke überhaupt nicht in Berührung. Sie liegen in ihrer Hauptmasse scheinbar auf den Eruptivbildungen oder in grossen, abgelösten Blöcken in diesen eingebettet oder von denselben umschlossen. Die zu Tage liegenden Partien der Eruptivgänge sind leider stark zersetzt, so dass es mir nicht möglich war, Stücke von unzersetztem Gesteine zu erhalten. Herr J. John, Vorstand des chemischen Laboratoriums an der k. k. Geologischen Reichsanstalt in Wien, war so freundlich, die Untersuchung einer Gesteinsprobe vorzunehmen und theilt mir hierüber Folgendes mit:

»Das Gestein von Sangcha Talla ist ein sogenannter Diabasmandelstein.«

»Das Gestein besteht aus einer dichten, schwarzen Masse, in der kleine, porphyrisch ausgeschiedene Minerale hervortreten, in welcher Masse zahlreiche, etwa hirsekorngrosse Körner von meist rein weissem Calcit, hie und da auch von Chlorit, der jedoch meist nur eine dünne Umhüllung um die Calcitkörner bildet, eingesprengt erscheinen.«

»Im Dünnschliffe lässt sich das anscheinend dichte Gestein als ein Diabasporphyrit erkennen. Es sind in einer Grundmasse, deren Natur bei der starken Zersetzung des Gesteines nicht näher festzustellen ist, zahlreiche, lang säulenförmige Plagioklase ausgeschieden, daneben auch einige grössere Feldspäthe, die ganz zersetzt sind und ursprünglich vielleicht Orthoklase gewesen sein mögen. Ferner finden sich in Chlorit umgewandelte Augite und durch das ganze Gestein eine grosse Menge von Chloritstaub und ein Erz, wahrscheinlich Eisenoxyduloxyd, zerstreut.«

»Die Mandeln des Gesteines sind meist Calcit, der kein concentrisch-schaliges Gefüge zeigt. Derselbe ist an manchen Stellen am Rande von feinem Chlorit umgeben, der dann meist eine concentrisch-faserige Structur besitzt.«

»Manchmal jedoch zeigt der Calcit auch ein concentrisch-schaliges Gefüge und sind dann oft die einzelnen Schalen desselben mit feinem, radialstrichligen Chlorit umgeben. Einzelne Mandeln sind auch fast lauter Chlorit und zeigen dann ein concentrisch-schaliges und dabei radial-faseriges Gefüge. Derartige Mandeln zeigen dann deutlich bei gekreuzten Nicols unter dem Mikroskope das bekannte schwarze Interferenzkreuz.«

»Das vorliegende Gestein wird man also wohl am besten zu den Diabasporphyriten, rechnen und zwar zu den sogenannten Spiliten mit Mandelsteinstructur. Derartige Gesteine wurden in der Literatur als Diabasmandelsteine, Kalkdiabase, Variolites du Drac etc. bezeichnet.«

»Dieses Gestein wurde auch chemisch untersucht. Durch Behandlung mit Essigsäure wurden 14·42% Kalk entsprechend 25·75% kohlensaurem Kalk und 1·29% Magnesia entsprechend 2·71% kohlensaurer Magnesia gelöst. Die Menge des in Essigsäure unlöslichen Theiles betrug im geglühten Zustande bestimmt 67·80%. Dieser unlösliche Theil wurde ebenfalls analysirt und hierbei in Zusammenfassung mit den oben angegebenen Daten die folgende Zusammensetzung des Gesteines gefunden:

Kieselsäure	33·90%	
Eisenoxyd und Thonerde	29·60 »	⎫ 67·80% in Essigsäure unlösliche Theile, beiläufig
Kalk	0·84 »	⎬ dem eigentlichen Diabasporphyrit (ohne Mandeln)
Magnesia	0·72 »	⎭ entsprechend.
Alkalien aus der Differenz	2·74 »	
Kohlensaurer Kalk	25·75 »	⎫ 28·46% in Essigsäure lösliche Carbonate, beiläufig
Kohlensaure Magnesia	2·71 »	⎬ der Menge der Mandeln entsprechend.
Wasser aus der Differenz	3·74 »	
	100·00%	

»Berechnet man aus dieser Analyse den Gehalt an Kieselsäure in dem Gestein selbst, also mit Ausschluss der Mandeln, so findet man 50% Kieselsäure, welcher Gehalt ganz gut mit dem der Diabasporphyrite übereinstimmt.«

Die Kalksteine, welche aus dieser Umhüllung mit Eruptivbildungen hervortreten, sind zum grössten Theile krystallinisch, marmorisirt und im Contact hochgradig verändert, von weisser, rother oder weiss, braun und roth geflammter Färbung. Herr C. v. John, der auch eine Probe dieses Gesteines zu untersuchen die Freundlichkeit hatte, schreibt mir hierüber Folgendes:

»Das rothe Gestein von Sangcha Talla ist ein Kalkstein, der sich im Dünnschliff als aus zahlreichen kleinen Körnchen von Calcit zusammengesetzt darstellt, zwischen welchen Körnern sich eine rothbraune, eisenschüssige Masse befindet. Es scheint, als ob diese Masse theilweise eruptives Material enthielte, da manche Theile derselben zersetzte Feldspäthe zu sein scheinen. Eine sichere Entscheidung lässt sich bei der starken Zersetzung dieser Zwischenmasse nicht treffen. Auch dieses Gestein wurde mit Essigsäure behandelt und hiebei 46·02% in Essigsäure löslicher Kalk, entsprechend 82·18% kohlensaurem Kalk gefunden. Der Kieselsäuregehalt beträgt bloss 4·80%.«

Meine Nachforschungen nach etwaigen Fossilien in den anstehenden von den Eruptivbildungen umschlossenen Partien der Kalkmasse blieben resultatlos. Dagegen fand Griesbach nahe dem Ausgange der oben erwähnten Schlucht einen offenbar von der Höhe abgerollten Block von einem rothen, marmorartigen Kalkstein, der zahlreiche Durchschnitte von Ammoniten, Orthoceren und Bivalven erkennen liess. Es gelang mir aus diesem Blocke mehrere Exemplare eines Tropitiden herauszupräpariren, die Herr Oberbergrath E. v. Mojsisovics als der Gattung Jovites v. Mojs. zugehörig erkannte und die, wie er mir mittheilt, mit Bestimmtheit auf ein mittelcarnisches oder obercarnisches Niveau (Aonoides- oder Subbullatus-Schichten) hinweisen. In der Hauptregion des Himalaya ist keine der beiden erwähnten Zonen in dieser Facies (Hallstätter Entwicklung) bekannt, obwohl man die Aonoides-Zone im Shalshal-Profile, die Subbullatus-Zone von Tera Gádh bei Kalapani kennt.

Es erscheint damit die Antheilnahme obertriadischer Sedimente in einer der Hauptregion des Central-Himalaya fremden Facies an dem Aufbau der Kalkkette zwischen dem Kiogarh-Chaldu-Pass und dem Balchdhura sichergestellt. Es darf dies natürlich nicht so verstanden werden, als ob jene ganze Kalkmasse der oberen Trias oder gar einem bestimmten Horizonte derselben zufallen würde. Es ist im Gegentheile viel wahrscheinlicher, dass gerade so wie in der Umgebung des Chitichun Nr. I Bildungen sehr verschiedenen Alters sich an der Zusammensetzung derselben betheiligen. Sichergestellt ist eben bisher bloss die Vertretung der Oberen Trias und damit zugleich die Thatsache, dass jene Kalke sich nicht in ihrer normalen Lagerung über dem Gieumal Sandstone und den denselben begleitenden Eruptivbildungen befinden, sondern zu diesen in einem ähnlichen Verhältnisse stehen, wie die permische Gipfelkuppe des Chitichun Nr. I oder die Triasklippen von Lochambelkichak zu den umgebenden Spiti Shales.

d) Die Tektonik des Klippengebietes.

Die Prüfung der Fossilreste in den Gipfelkalken des Chitichun Nr. I, in den kleinen von Spiti Shales umschlossenen Blockanhäufungen bei Lochambelkichak mit ihrer Muschelkalk-Fauna und in der Kalkmasse südlich des Balchdhura lehrt, dass es sich an allen diesen Stellen nicht um normal den Spiti Shales, beziehungsweise dem Gieumal Sandstone aufgelagerte Sedimente handelt, sondern dass hier Lagerungsverhältnisse viel complicirterer Art vorliegen.

Griesbach hat in seiner vorläufigen Mittheilung über diesen Gegenstand bereits auf die Ähnlichkeit mit den in der Literatur als »Klippen« beschriebenen Aufbrüchen älterer Sedimente im Flysch der Alpen und Karpathen hingewiesen.[1] Die Zweifel, welche von Middlemiss und King gegen die Richtigkeit dieser Auffassung erhoben wurden,[2] konnten in der scheinbar normalen Überlagerung des jüngeren Mesozoicums durch die fraglichen Kalkmassen, sowie in dem Umstande, dass ähnliche Erscheinungen bisher aus Indien nicht bekannt geworden waren, eine gewisse Begründung finden. Sie erscheinen jedoch nicht länger gerechtfertigt, seit die Frage nach dem Alter jener Kalkmassen nunmehr durch die Ergebnisse der paläontologischen Untersuchung eine Beantwortung im Sinne der obigen Auffassung erfahren hat.

Wenn man von der grossen Kalkmasse zwischen dem Balchdhura und dem Kiogarh-Chaldu-Passe absieht, deren Erstreckung nach Norden ganz unbekannt ist, so erscheinen die übrigen Kalkklippen, soweit wir auf unserer Expedition über ihre Gruppirung ein Urtheil gewinnen konnten, in mehreren bogenförmigen Reihen angeordnet.

Die erste, nördlichste dieser Klippenreihen fiel uns auf der Route über den Kiogarh-Chaldu-Pass nach Lâl Pahar E. G. (am Westabhange des Chitichun Nr. I) auf. Der Gipfel des Chaldu Nr. I (17.470 e. F.) und zwei demselben östlich vorgelagerte Kalkinseln gehören dieser Reihe an. Middlemiss hat den Chaldu Nr. I später auf einer Excursion von Lochambelkichak aus besucht und constatirt, dass der Gipfel dieses Berges aus einer den Gipfelkalken des Chitichun Nr. I lithologisch durchaus gleichartigen, NO streichenden Kalkscholle besteht, die scheinbar normal auf einem Sockel von Gieumal Sandstone und denselben begleitenden Eruptivbildungen aufruht.

Die zweite Klippenreihe ist viel ausgedehnter und enthält die meisten uns bekannt gewordenen Vorkommnisse. Ihr gehört auch der Gipfel des Chitichun Nr. I an. Sie beginnt mit einer W—O streichenden Kalkscholle südlich vom Kiogarh-Chitichun-Pass. Ich habe diese Scholle nicht selbst besucht, sondern ihre Umrisse nur von der Spitze des 2$^1/_4$ km entfernten Kungribingri (19.170 e. F.) aus auf der Karte einzeichnen können, was allerdings insoferne keine Schwierigkeiten bot, als die Kalke sich durch ihre helle Färbung und die scharfzackigen Verwitterungsformen von den umgebenden Schiefern und Sandsteinen ebenso deutlich abheben, als die karpathischen Klippen aus Jurakalk von ihrem Flyschmantel. Eine zweite Kalkscholle liegt in der vom Kiogarh-Chitichun-Passe herabkommenden Schlucht in unmittelbarer Nähe von Chitichun E. G. Diese, sowie eine viel kleinere, blockartige Kalkmasse weiter im Osten sind ganz in Spiti Shales oder in die untersten Lagen des Gieumal Sandstone eingebettet und eigentlich erst durch die Erosion aus diesen herausgewaschen. Eine scharfe Trennung jener beiden Formationsglieder ist hier, wie bereits an einer früheren Stelle auseinandergesetzt wurde, nicht möglich, da an der Grenze derselben Wechsellagerung eintritt (vergl. die Schilderung der Verhältnisse am Kungribingri-Pass). Da man in der Umgebung von Chitichun E. G. über den eigentlichen Spiti Shales bereits local neben den intrusiven Eruptivbildungen grünliche Sandsteine an den Hängen zerstreut findet, so ist es lediglich Sache der persönlichen Auffassung, ob man an solchen Stellen von den liegendsten Schichten des Gieumal Sandstone, wie Griesbach, oder von den hangendsten Schichten der Spiti Shales sprechen will.

[1] C. L. Griesbach: »Notes on the Central Himálayas.« Records Geol. Survey of India, vol. XXVI, pt. I, 1893, p. 22 ff.
[2] L. c. Anmerkung, S. 25.

Nun folgt Chitichun Nr. I mit den kleinen Klippen in seiner Umgebung. Ausser der Blockklippe mit den Monophylliten des Muschelkalkes an dem Passe von Lâl Pahar E. G. nach dem Weideplatze von Chitichun erscheint unmittelbar östlich vom Gipfel des Chitichun Nr. I noch eine sehr merkwürdige Klippe. Sie bildet einen ca. 40 *m* hohen, sehr regelmässig gestalteten Kegel, der an seiner westlichen, nördlichen und südlichen Abdachung — die östliche hatten Griesbach und ich keine Gelegenheit zu untersuchen — ganz von Eruptivbildungen begrenzt ist. Dieser Kegel besteht durchwegs aus Scherben eines gelbgrauen Kalksteines von derselben lithologischen Beschaffenheit, wie die hangenden Bänke des obertrindischen Hochgebirgskalkes in der Nähe der Doggergrenze.

Die von uns am genauesten untersuchte Gipfelscholle des Chitichun Nr. I (17.740 c. F.) liegt gleichfalls auf, oder genauer gesagt, in Eruptivbildungen, denselben Diabasporphyriten und Mandelsteinen, wie sie oben von Sangcha Talla beschrieben wurden. Es ist bereits von Griesbach unserer Beobachtung erwähnt worden, dass ein Intrusivgang dieses Porphyrits an der Nordostseite der Gipfelscholle sichtbar ist der die ganze Kalkmasse durchbricht und auf dem Gipfelplateau wieder zu Tage tritt, so dass nur die höchsten das letztere umstehenden Zacken aus dem permischen Kalkstein bestehen. Der intrusive Charakter der Diabasporphyrite ist, wie Griesbach betont, hier in unzweifelhafter Weise festgestellt. Man kann auf dem Sattel im NO des Chitichun-Gipfels durch den Augenschein constatiren, dass der Porphyrit die Spiti Shales und auch die permische Gipfelscholle des Chitichun Nr. I durchbrochen hat.[1]

Fig. 14.
Klippenreihe im NO. des Chitichun Nr. I.

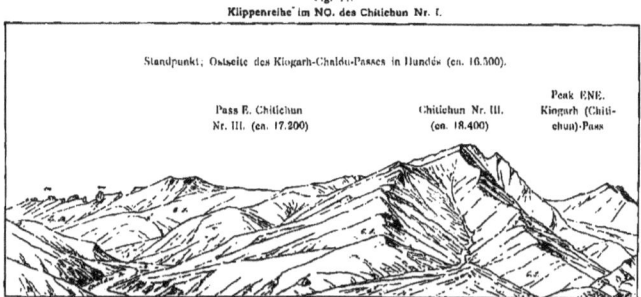

Standpunkt: Ostseite des Kiogarh-Chaldu-Passes in Hundés (ca. 16.300).

Pass E. Chitichun Nr. III. (ca. 17.200)   Chitichun Nr. III. (ca. 18.400)   Peak ENE. Kiogarh (Chitichun)-Pass

GS. Gleumal Sandstone (Flysch)   *Sp. Sh.* Spiti Shales.   *ca. ca.* Klippen (Perm oder Permocarbon).

Eine deutliche Schichtung ist weder am Chitichun Nr. I, noch an den übrigen Klippen, die ich selbst gesehen habe, nachzuweisen. Es hat zwar im grossen Ganzen den Anschein, als würde die Kalkmasse des Chitichun Nr. I horizontal liegen, allein das Gestein ist nach allen Richtungen hin so vielfach von Kluftflächen und Harnischen durchzogen und zertrümmert, dass es kaum mehr möglich ist, die wahre ursprüngliche Schichtung desselben zu reconstruiren. Die ganze Gipfelscholle ist durch dieses Kluftsystem in kubische Massen zerlegt, und selbst die zahlreichen von uns gesammelten Fossilien sind in der Regel durch eine solche Kluftfläche halbirt.

An den aus Eruptivgesteinen bestehenden Sattel im NO des Chitichun Nr. I schliesst sich ein langer Rücken, der den Oberlauf des Chaldu River auf eine weite Strecke begleitet. Er ist, so weit man ihn von Lâl Pahar E. G. aus überblicken kann, von schroffen Kalkzinnen gekrönt, die, wie wir uns durch eine

---

[1] Die Verbindung dieser Eruptivgesteine mit den Spiti Shales und dem Gleumal Sandstone ist eine so innige, dass eine Trennung beider Bildungen auf der Karte nur auf Grund sehr eingehender Detailuntersuchungen möglich wäre. Da wir selbst eine solche nur für die Umgebung des Chitichun Nr. I durchführen konnten, habe ich eine besondere Ausscheidung der Eruptivbildungen neben den normalen Sedimenten, mit Jenen sie in Verbindung stehen, auf der beiliegenden Karte unterlassen.

Untersuchung der südwestlichsten überzeugen konnten, nichts Anderes sind, als die Fortsetzung der Klippe des Chitichun Nr. I. Ob diese Kalkzinnen wirklich, wie ich es in Übereinstimmung mit Griesbach auf der Karte darzustellen vorgezogen habe, einen langgestreckten, zusammenhängenden Kalkzug bilden oder in einzelne kleinere Schollen aufgelöst sind, kann natürlich nur durch eine detaillirte Untersuchung derselben festgestellt werden. Maassgebend bleibt jedoch die Thatsache, dass das Streichen derselben allmälig aus einem nordöstlichen in ein rein nördliches übergeht, so dass diese ganze Klippenreihe des Chitichun Nr. I thatsächlich einen flachen Bogen beschreibt, dessen Convexität gegen SO gekehrt ist.

Eine dritte, viel kürzere Klippenreihe wird angedeutet durch die beiden kleinen aus Muschelkalk bestehenden Blockklippen im W. und im N. von Lochambelkichak und durch einen Aufbruch von obertriadischen Hochgebirgskalken in den Spiti Shales, westlich von dem zweiten grossen Knie im Laufe des Chitichun River unterhalb des zuletzt genannten Weideplatzes. Dieser letztere Aufbruch könnte jedoch vielleicht mit ebensoviel Recht als ein blosser Adnex der ganz nahe gelegenen obertriadischen Hochgebirgskalke des Chaldu Nr. II (17.110 e. F.) betrachtet werden, der durch die Denudation der aufgelagerten Spiti Shales von diesen entblösst wurde.

Als »Klippen« hat man ursprünglich in den Karpathen und in den Schweizer Alpen isolirt aus dem Flysch aufragende Gesteinsschollen von meist jurassischem Alter bezeichnet, die ringsum von jüngeren, in der Regel discordant, zuweilen aber auch concordant gelagerten Sandsteinschichten umgeben sind.

Beyrich wies zuerst die Unabhängigkeit der karpathischen Klippenkalke von der umgebenden Sandsteinhülle nach, E. v. Mojsisovics betonte die tektonische Individualisirung der einzelnen Klippen, Paul führte die Entstehung der Klippenzone als Ganzes auf Aufbrüche entlang einer Antiklinalfalte zurück. Neumayr definirte später die karpathischen Klippen als »Trümmer und Reste eines geborstenen Gewölbes«, welche als Blöcke oder Schichtköpfe von Schollen und anstehenden Schichtmassen in jüngere Gesteine, von welchen sie überwölbt werden, in discordanter Lagerung hinein oder durch dieselben hindurchgepresst worden sind.« Dagegen versuchte G. Stache die Entstehung des Klippenphänomens durch die Annahme einer älteren Gebirgsfaltung zu erklären, indem Klippen als Reste eines solchen Gebirges später von jüngeren Bildungen überdeckt wurden, deren Schichtenbau und Lagerung von der Tektonik jenes älteren Gebirges abweicht. Die detaillirten Aufnahmen von Uhlig haben für die im Norden der Tatra gelegenen Klippen zu einem der Auffassung von Stache günstigen Ergebnisse geführt. Es hat sich gezeigt, dass wenigstens die grösseren unter jenen Klippen in der That als Inseln anzusehen sind, die Fragmente eines älteren, der Sandsteinzone gegenüber tektonisch selbstständigen Gebirges darstellen und in deren Umgebung litorale Gebilde, zum Theile in bedeutender Mächtigkeit, auftreten.

Auch unter den Schweizer Geologen begegnet man für die Erklärung der grösseren westalpinen Klippen — von der Blockhypothese abgesehen — im Wesentlichen zwei einander in ähnlicher Weise gegenüberstehenden Ansichten. Die eine derselben (Studer, Moesch), die mit der Hypothese Neumayr's verwandt ist, zieht ebenfalls gewölbeartige Aufbrüche zur Erklärung des Phänomens heran, während die zweite (Renevier) sich auf die Annahme einer älteren, der Ablagerung der jüngeren Sandsteinhülle vorausgehenden Gebirgsbildung mit nachfolgender Erosion stützt. Daneben aber beginnt in jüngster Zeit eine dritte Auffassung, insbesondere unter dem Einflusse der Arbeiten von Bertrand, Maillard und Schardt (für die Klippen des Chablais) sich immer mehr Geltung zu verschaffen, die in einem Theile der westalpinen Klippen nur »Überdeckungsschollen« (lambeaux de recouvrement), nämlich Denudationsreste sehr grosser, liegender Falten sehen will.

Für die Klippen des Gebietes von Chitichun dürfte keine der hier vorgetragenen Hypothesen uneingeschränkte Geltung beanspruchen können. Diese Klippen tragen einen von den alpinen und den karpathischen Klippen in mehrfacher Beziehung abweichenden Charakter an sich.

Fünf Momente sind für die Klippen von Chitichun und am Balchdhura bezeichnend: 1. Die von der Hauptregion des Himalaya abweichende Schichtfolge; 2. die bogenförmige, diagonal auf das Streichen der Himalaya-Falten verlaufende Streichrichtung; 3. ihr Auftreten innerhalb eines muldenförmigen, mit Flysch und Spiti Shales erfüllten Gebietes; 4. ihre innige Verbindung mit Eruptivgesteinen; 5. das Fehlen jedweder Art von Strandbildungen in ihrer Umgebung.

1. In diesen tibetanischen Klippen sind bisher folgende Schichtglieder festgestellt worden:

a) Perm oder Permocarbon in einer von den jungpaläozoischen Bildungen in der Hauptregion des Himalaya abweichenden Facies:

b) Unterer Muschelkalk
c) Subbullatus- oder Aonoides-Schichten } in Hallstätter Facies;

d) Oberste Trias (Rhätische Stufe?) in der Facies der Hochgebirgskalke.

Das letztere, auf die kleine, kegelförmige Klippe im Osten des Chitichun Nr. I beschränkte Schichtglied ist das einzige, das sich in der Hauptregion des Central-Himalaya in gleicher Ausbildung wiederfindet.

2. Die Beziehungen der Klippenlinien zu den Falten des Himalaya-Systems ergibt sich am deutlichsten aus einer Betrachtung des Übersichtskärtchens Fig. 15. In der Umgebung des Niti-Passes und im Gebiete

Fig. 15.

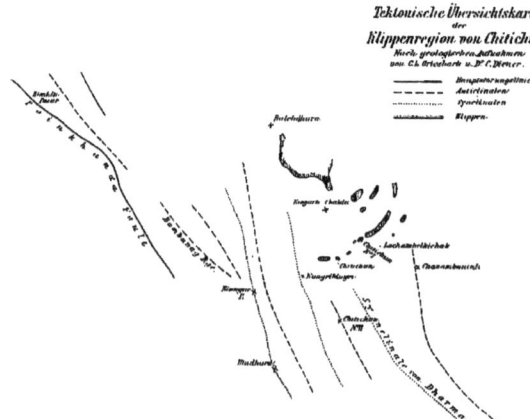

von Rimkin Paiar sind die Falten und die streichenden Störungen, wie die grosse Painkhánda fault, im Allgemeinen NW—SO gerichtet. In dem Grenzgebiete von Painkhánda, Johár und Hundés nähert sich die Streichrichtung mehr dem Meridian. Sie ist am klarsten ausgeprägt in dem Verlaufe der grossen Synklinale der Spiti Shales von Laptal bis zum Kiungur-Passe und in der die Fortsetzung der ersteren bildenden, permotriadischen Synklinale des Ctadhura, in der parallel verlaufenden Antiklinallinie der obertriadischen Hochgebirgskalke des Lahur und der östlich folgenden Flyschmulde des Kungribingri, endlich in dem grossen Gewölbe der obertriadischen Hochgebirgskalke des Chanambaniali-Zuges. Noch weiter gegen SO, in Johár und Byans endlich stellt sich, wie aus Griesbach's Aufnahmen hervorgeht, in den Himalaya-Falten wieder das NW-SO gerichtete Streichen, wie in Painkhánda ein.

Das Streichen des Klippenbogens, dem Chitichun Nr. I angehört, ist ganz unabhängig von der Streichrichtung der Himalaya-Falten. Dieser Bogen legt sich quer vor die allmälig unter die Spiti Shales hinabtauchende Welle obertriadischer Hochgebirgskalke des Chitichun Nr. II, den Chanambaniali-Zug und die zwischen beiden auslaufende Synklinale von Dharma. Wohl ist auch an einzelnen Reihen der karpathischen Klippen ein Abschwenken der Streichrichtung aus dem normalen Streichen der Klippenzone beobachtet worden, wie z. B. das von Uhlig[1] beschriebene Streichen der Falstiner Klippen quer auf die Richtung der ganzen Klippenzone. Allein diese auf nicht einmal ganz 2 *km* zu verfolgende Änderung im Streichen ist doch nicht zu vergleichen mit der auf eine Strecke von 13 *km* constatirten, vollständigen Unabhängigkeit der Klippenreihe des Chitichun Nr. I von den quer auf diese letztere gerichteten Falten des Himalaya-Systems.

3. Eine Ähnlichkeit dieser tibetanischen Klippen mit solchen der Schweizer Alpen, insbesondere mit dem sogenannten Keuperbecken am Vierwaldstädter See oder der Iberger Klippenregion besteht darin, dass dieselben in ihrem Auftreten an muldenförmige Senken im Streichen des Gebirges gebunden sind. Die Klippenreihe des Chitichun Nr. I liegt in einer zwischen die Antiklinalen des Chitichun Nr. II und des Chanambaniali eingebetteten Synklinale von Spiti Shales und Flysch, gerade so wie die eben genannten Schweizer Vorkommen innerhalb der grossen Flyschmulde von Unterwalden und Schwyz, zwischen der sogenannten »Äusseren Kalkkette« (Pilatus—Aubrig) und der ersten inneren Kalkkette (Brienzer Grat—Brisen—Bauenstöcke—Räderten).

4. Eine Erscheinung, welche die tibetanischen Klippen von allen bisher bekannten Vorkommnissen ähnlicher Art unterscheidet, ist ihre innige Verknüpfung mit Eruptivgesteinen — Diabasporphyriten und deren Tuffen. Das vereinzelte Auftreten eruptiver Bildungen in der karpathischen Klippenzone lässt sich mit dieser Erscheinung nicht vergleichen. Es ist in den Detailschilderungen gezeigt worden, dass die grösseren dieser tibetanischen Klippen in solche Eruptivmassen förmlich eingebettet sind, dass an den Klippen im S. des Balchdhura und auch an Chitichun Nr. I ein directer Contact der Klippengesteine mit dem Flysch, beziehungsweise den Spiti Shales überhaupt nicht beobachtet werden konnte, sondern fast allenthalben Eruptivgesteine zwischen diese beiden Bildungen sich einschalten, dass aber die Klippen ebenso wie deren jüngere Umgebung von jenen Eruptivgesteinen gleichmässig durchbrochen werden.

5. In den Spiti Shales fehlt jede Andeutung einer Einschaltung litoraler Bildungen in der Umgebung der Klippen. Der Charakter der

[1] V. Uhlig: »Ergebnisse geologischer Aufnahmen in den westgalizischen Karpathen.« II. Theil, Jahrb. d. k. k. geol. Reichsanst. 1890, 40. Bd., S. 797.

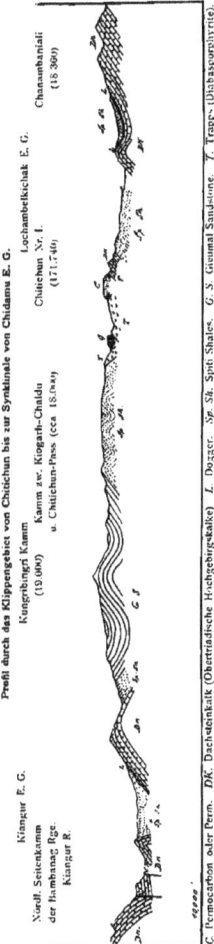

Fig. 16. Profil durch das Klippengebiet von Chitichun bis zur Synklinale von Chidamo E. G.

Sedimente bleibt auf weite Strecken hin ungeändert und wird durch die Nähe der Klippen nicht beeinflusst. Die Beschaffenheit der Spiti Shales selbst, sowie deren Fossilführung weist darauf hin, dass dieselben weder als ufernahe, noch als hochpelagische Bildungen angesehen werden dürfen. Herr Professor Uhlig, der die Bearbeitung des Versteinerungsmaterials der Spiti Shales übernommen hat, hatte die Freundlichkeit, mir hierüber Folgendes mitzutheilen:

»Die Spiti Shales sind gewiss kein küstennahes Sediment in dem Sinne, wie z. B. die Klippenhülle der karpathischen Klippen (rothe Thone, Sandsteine, Conglomerate mit Inoceramen). Die Spiti Shales haben offenbar viele Ähnlichkeit mit dem Geodenterrain des Kaukasus (Dogger) und auch mit den Wernsdorfer und Oberen Teschener Schiefern. In den letzteren ist der Eisengehalt auf Flötze vertheilt, nicht in Geoden concentrirt. In den Wernsdorfer Schichten aber kommen Landpflanzen vor, deren Auftreten im Zusammenhange mit der füglich doch klastischen Natur des Sediments mir zu beweisen scheint, dass die Wernsdorfer Schiefer kein hochpelagisches Sediment sind. Dasselbe könnte auch für die Spiti-Schiefer gelten. Wichtig ist es, dass der Erhaltungszustand der Ammoniten eine Abrollung ausschliesst. Auch in den Wernsdorfer Schiefern kommen Exemplare mit Mundrändern häufig vor. Die Ammoniten sind zu gut erhalten, als dass man eine Abrollung annehmen könnte. Es liegen also in den Spiti Shales weder ufernahe Küstensedimente, noch auch hochpelagische Bildungen vor.«

Die von jener der Hauptregion des Himalaya abweichende Schichtfolge in den tibetanischen Klippen ist mit einer Auffassung der letzteren als echte Klippen (im tektonischen Sinne) wie als Überdeckungsschollen in gleicher Weise vereinbar. Sie kann, worauf bereits von Griesbach hingewiesen wurde, durch die Zugehörigkeit jener Klippen zu einer im NO der Hauptregion des Himalaya befindlichen, inneren Zone des Gebirges erklärt werden, in welcher, der grösseren Entfernung von dem Gondwana-Festlande der indischen Halbinsel entsprechend, die permischen und triadischen Sedimente in einer anderen Weise entwickelt waren. Mit den Falten des Himalaya lassen sich jene Klippen nicht in einen unmittelbaren Zusammenhang bringen, ihre Deutung als gesprengte Antiklinalen im Sinne von Paul und Neumayr erscheint daher nicht zulässig. Ebensowenig aber können sie, wie etwa die karpathischen Klippen im Norden der Tatra, als Reste eines älteren Gebirges angesehen werden, da Litoralbildungen, wie sie die Klippenhülle der karpathischen Klippen charakterisiren, in ihrer Umgebung fehlen. Zu Gunsten einer Deutung derselben als Überdeckungsschollen würden manche Analogien mit westalpinen Klippen, oder besser gesagt, Schollen solcher Art sprechen, insbesondere ihre Beschränkung auf eine Muldenregion im Streichen des Gebirges. Einer derartigen Auffassung aber steht — abgesehen davon, dass man jenes Gebirge, von dem aus diese Schollen auf die Himalaya-Falten überschoben worden sein müssten, nicht kennt — eine unüberwindliche Schwierigkeit in der innigen Verknüpfung der tibetanischen Klippen mit Eruptivgesteinen entgegen, welche die Klippen und deren jüngere Umgebung gleichmässig durchbrechen. Denn es ist unmöglich, anzunehmen, dass die Durchbrüche und Ergüsse jener Eruptivmassen unabhängig von den tektonischen Bewegungen erfolgt seien, welchen die Klippen selbst ihre Entstehung verdanken. Ebenso unzutreffend wäre freilich auch die Vorstellung, dass jene Klippen aus der Tiefe losgerissen und durch die Eruptivgesteine emporgetragene Blöcke darstellen, wie die Auswürflinge von Apenninenkalk in den Laven des Vesuv oder die granitische Scholle am Puy Chopine in der Auvergne. Gegen eine solche Anschauung spricht, wenigstens am Chitichun Nr. I, die sehr geringe Veränderung der permischen Kalksteine mit ihren vorzüglich erhaltenen Fossilien am Contacte mit den Diabasporphyriten und das vollständige Fehlen eigentlicher Contactmineralien selbst in der Nähe der Eruptivgesteine. Die ganze Gesteinsbeschaffenheit dieser Klippe ist mit der Vorstellung, dass dieselbe aus dem Inneren einer vulcanischen Esse an die Oberfläche getragen worden sei, absolut unvereinbar.

Eine Lösung des tektonischen Problems der Klippen von Chitichun geben zu wollen, halte ich in Anbetracht der ungenügenden Kenntniss, die wir heute noch von der Ausdehnung jenes Phänomens besitzen, und bei dem Mangel einigermaassen brauchbarer Nachrichten über den geologischen Bau der angrenzenden Theile von Tibet[1] für verfrüht. Es mag genügen, hier auf jene Eigenthümlichkeiten hingewiesen zu haben, welche die tibetanische Klippenregion von allen bisher in Europa bekannten Klippenzügen unterscheiden und dieselbe zu einem der interessantesten und merkwürdigsten Theile des Himalaya stempeln, der wie kaum ein anderer noch auf lange Zeit hinaus ein dankbares Feld für weitere Forschungen abgeben wird.

[1] Die für ihre Zeit gewiss sehr verdienstlichen Recognoscirungen von Strachey, der u. a. die weite Verbreitung von Eruptivmassen in der Umgebung der Manasarowar Seen nachwies, sind für eine Discussion des Problems der tibetanischen Klippen werthlos.

Inhaltsverzeichniss.

	Seite
Einleitung	1 [533]
I. Die Entwicklung der Triasbildungen in Johár und Painkhánda	4 [536]
1. Entwicklung und gegenwärtiger Stand unserer Kenntniss der Himalaya-Trias	4 [536]
2. Detailbeschreibung	9 [541]
A. Das Shalshal Cliff bei Rimkin Paiar	9 [541]
B. Silakank und Nti Pass	10 [551]
C. Das Bambanag Profil	22 [554]
D. Utadhura und Jandi	30 [562]
3. Faunistische und stratigraphische Ergebnisse	34 [566]
II. Bemerkungen über das jüngere Mesozoicum in der tibetanischen Grenzregion zwischen Barahoti E. G. und der Chanambani(ali-Kette	50 [582]
III. Die Klippenregion zwischen Chitichun und dem Balchdhura	56 [588]
a. Die permische Klippe des Chitichun Nr. I	56 [588]
b. Die Triasklippen von Chitichun	64 [596]
c. Die Triasklippen am Balchdhura	66 [598]
d. Die Tektonik des Klippengebietes	69 [601]

Erläuterungen zu den Tafeln.

Die drei Lichtdrucktafeln:

Taf. I. Der Abschluss des Chor Hoti-Kessels mit dem Marchouk Peak (19.518 e. F.) von den südlichen Abhängen des Shalshal Cliff (Standpunkt ca. 10.000 e. F.).

Taf. II. Südwestlicher Absturz des Shalshal Cliff. Standpunkt 2 Miles unterhalb Rimkin Paiar E. G. (ca. 13.700 e. F.).

Taf. V. Permische Klippen in Spiti Shales und deren Eruptivbildungen, östlich von Lâl Pahar E. G. (ca. 17.000 e. F.).

sind nach meinen Originalaufnahmen angefertigt worden (vergl. Anzeiger d. kais. Akad. d. Wiss., 1899, p. 20).

Die Originale zu den Textillustrationen habe ich durchaus selbst nach meinen an Ort und Stelle angefertigten Skizzen gezeichnet, desgleichen das Originalbild zu Taf. III.

Die Originalzeichnungen zu den auf lithographischem Wege hergestellten Tafeln IV, VI und VII habe ich ebenfalls persönlich angefertigt und wurden dieselben für die Tafeln IV und VII durch Pause direct auf den Stein übertragen, so dass denselben der ursprüngliche Charakter der Darstellung gewahrt erscheint. Dagegen hat Taf. VI infolge der Verkleinerung des Originalbildes durch den Zeichner in dieser Richtung manches eingebüsst.

Die geologische Karte umfasst nur die südöstliche Hälfte des von unserer Expedition bereisten Gebietes. Da auf der Karte selbst weder Längen- noch Breitengrade eingetragen erscheinen, sei hier zur eventuellen Orientirung auf einer Übersichtskarte die Position des (nahe der Südgrenze meiner Karte gelegenen) Utadhura (Passes) angegeben: 30°35' n. Br., 80°14' ö. L. von Greenwich. Als topographische Grundlage diente die Originalaufnahme der Survey of India im Massstabe 1 : 63.360 (1 engl. Zoll = 1 engl. Meile).

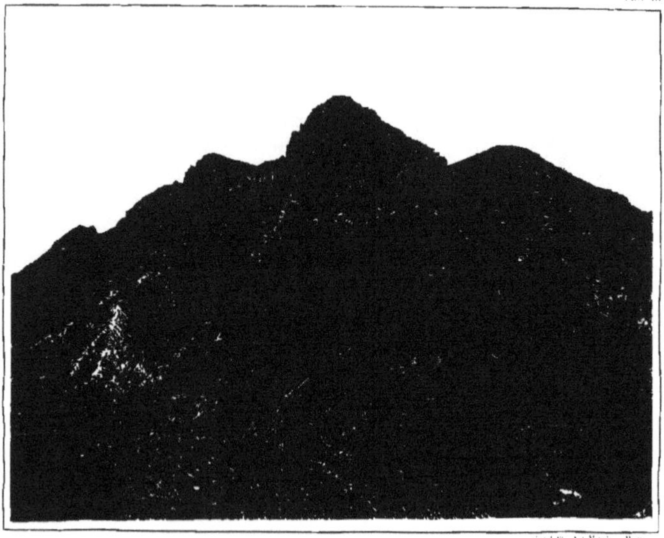

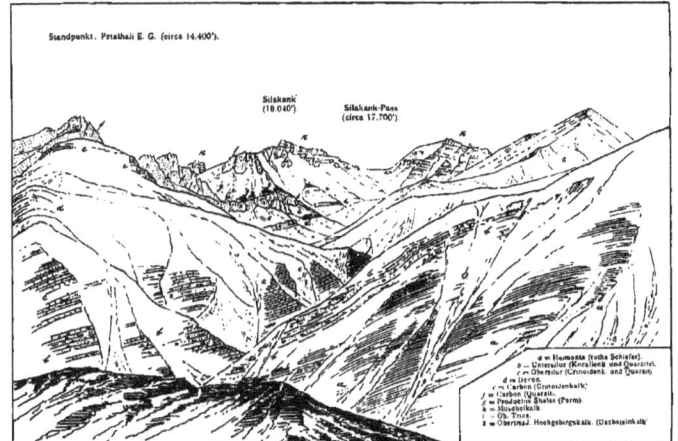

Ansicht der Silakank-Kette von Petathali E. G.

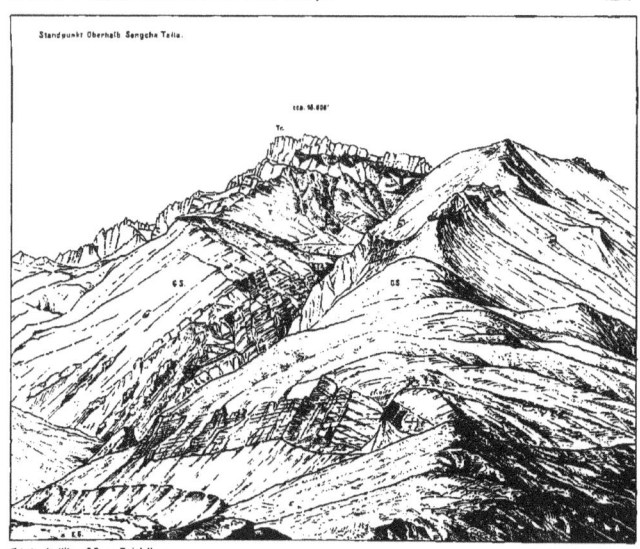

Triadische Klippe SO vom Balchdhura.
Klippenkalke T.- Vulcanische Tuffe und Ganggesteine (Diabasporphyrit)
G S.- Giumal-Sandstone. Tr.- Trias

GEOLOGISCHE
Übersichtskarte

der von der Expedition im Jahre 1892 bereisten Theile von
Johár und Hundés nach den Aufnahmen v. C.L. Griesbach
und eigenen Untersuchungen zusammengestellt von

Dr CARL DIENER.

www.ingramcontent.com/pod-product-compliance
Lightning Source LLC
Chambersburg PA
CBHW020314090426
42735CB00009B/1337